•农民致富关键技术问答丛书•

肉鸡高效益养殖关键技术问答

刘文奎　李立虎　王云平　编著

北京市科学技术协会支持出版

中国林业出版社

本书使用说明

● 本书配有 VCD 光盘，光盘与图书结合，充分发挥图书和视频的各自优势，生动直观，实用性强。

● 光盘中的视频目录一目了然，通过操作很容易切换相应的视频。

● 通过图书目录可检索光盘中相应的视频内容。

● 通过光盘视频目录，可检索光盘视频所讲内容在书中的位置。

图书在版编目（CIP）数据

肉鸡高效益养殖关键技术问答/刘文奎，李立虎，王云平编著．-北京：中国林业出版社，2008.1（2012.3重印）
（农民致富关键技术问答）
ISBN 978-7-5038-5069-1

Ⅰ．肉… Ⅱ．①刘… ②李… ③王… Ⅲ．肉用鸡—饲养管理—问答 Ⅳ．S831.4-44

中国版本图书馆 CIP 数据核字（2007）第 196433 号

出版：中国林业出版社（100009 北京市西城区刘海胡同 7 号）
网址：http: //www.cfph.com.cn
E-mail: public.bta.net.cn 电话：83224477
发行：新华书店北京发行所
印刷：三河市祥达印装厂
版次：2008 年 3 月第 1 版
印次：2012 年 3 月第 8 次
开本：850mm × 1168mm 1/32
印张：4.25
定价：15.00 元
（随书赠 VCD 光盘）

前言

鸡肉性温味甘，温补脾胃，益气养血，还可祛风，最适宜贫血患者及孕妇、产妇和消化力弱的人补养身体。我国鸡种资源丰富，特别是优质肉鸡资源占现有鸡种的70%，具有耐粗饲料、投入低、周转快、效益好等特点。目前，肉鸡产业以高效率、低成本的优势，迅速发展成为我国农牧业领域中产业化程度最高的行业，鸡肉也成为仅次于猪肉的我国第二大肉类消费品，消费需求巨大，肉鸡养殖业发展前景广阔。

在国际市场，山东、江苏等地的肉鸡出口已占相当份额，肉鸡市场多元化趋势已定。但我国肉鸡生产还存在鸡场布点过多、过散，技术水平落后，在某些区域内盲目竞争，种鸡生产效率低，饲养管理、经营水平较低等问题，这在一定程度上影响了肉鸡养殖的经济效益，挫伤了农户养殖肉鸡的积极性。科学、高效养殖肉鸡，对提高鸡肉品质、增加农民收入、增强肉鸡养殖业的国际市场竞争力有重要意义。

为此，笔者结合多年生产实践，并收集整理了各地先进的科研成果与技术，以问答的形式系统阐述了优良鸡种选择，鸡舍的布局与建造，肉鸡的营养需求及日粮配制，饲料的贮藏与调制，种蛋的挑选、贮存与消毒，雏鸡孵化，育雏及肉鸡饲养管理，大棚养殖肉鸡，鸡病防治等肉鸡生产过程中常见的关键问题，解答简明扼要，并在每个问题后附有相应的特别提示，可为广大生产者和相关技术人员提供快速解决问题的方法。

由于编著时间紧迫，加之作者水平有限，错误和不当之处在所难免，敬请广大科技工作者和生产者批评指正。

在该书的编写过程中，参阅和引用了许多研究资料和图书，对此向有关作者表示衷心的感谢！

编著者

2007 年 11 月

目 录

5 肉鸡的孵化

6 肉鸡育雏

7 肉仔鸡和种鸡的饲养管理

8 鸡病防治

《肉鸡高效益养殖关键技术问答》VCD 光盘视频目录

肉鸡养殖前的盘算

鸡是杂食性的家禽，在家禽饲养业中，鸡的肉用品种是随着社会经济发展和生活水平的提高而变化的优秀代表。我国鸡种资源丰富，特别是优质肉鸡资源占现有鸡种的70%，具有耐粗饲、投入低、周转快、效益高等特点。鸡觅食能力强，可以充分利用农家庭院、田间地头、荒坡地及收获后的田块进行放牧。因此，适合农户散养或规模化、产业化养殖。

养鸡业是我国畜牧业生产的重要组成。随着养殖集约化、规模化发展，也给病菌的传播创造了条件，一旦发生传染病，往往对养鸡业造成严重冲击。近几年禽流感暴发，直接影响到养鸡生产，以至于鸡肉和鸡蛋的价格起伏不定。因此要想获得好的收益，必须掌握鸡的生物学习性，采取正确的疾病防治技术，并进行严格的生产管理。鸡肉是人们不可缺少的食品，肉鸡养殖业具有良好的前景。

1 养肉鸡有利可图吗?

现以饲养1000只为例，鸡苗综合成本为1800元，饲料成本为5210元(全价料850元，五谷杂粮4360元)，兽药疫苗成本为158元，其他568元，合计费用7736元；收入为10元/千克 ×900

只(按90%成活)×1.8千克=16200(元)，平均纯收入为9.4元/只，纯利总额为8464元。农户养鸡多因陋就简，各种用具注意维修，减少不必要的浪费，注意降低成本，为获得较快的周期和较高的效益奠定了基础。

特别提示

鸡肉性温味甘，温补脾胃，益气养血，还可祛风，最适宜贫血患者及孕妇、产妇和消化力弱的人补养身体。广阔的消费市场为发展养鸡提供了广阔的生产前景。

2 有些养鸡户出现了亏本，是什么原因？

肉鸡养殖业是短、平、快的农家致富项目，在我国迅速发展。许多农民兄弟靠饲养肉鸡发了家、致了富，但也有不少养鸡户由于种种原因亏了本、赔了钱。这是什么原因呢？

受资金、技术制约 有的农户看到别人养鸡赚了钱，也盲目大规模养鸡，结果资金、技术等条件跟不上，制约了肉鸡生产性能的发挥。主要表现在：

密度过大 在较小的空间饲养过多的鸡，鸡群拥挤，采食、饮水困难，生长迟缓、均匀度低、死亡率高。

设备简陋 饲饮设备简陋或数量不足，造成会抢食的快速生长，不会抢食的生长停滞，鸡群两极分化，结果造成浪费，增加了成本，降低了效益。

管理不力 缺乏科学的管理措施，舍内空气质量差，有害气体含量超标，严重影响鸡群生长发育。

被便宜鸡苗蒙骗 鸡苗的优劣决定成败。要创造好的效益，必须有好的鸡苗做保证。但是在实践中，养鸡户在购苗时，往往贪图便宜而不了解品种特性，购买劣质鸡苗，结果成活率低，生长缓慢。有的养鸡户鸡是养成了，但品种不对路，不被市场接受。所以养鸡户在进鸡前一定要先了解消费市场，结合自身财力和技术条件，选择优良品种，不能盲目购买来路不明的鸡苗。

饲料质量问题 饲料是影响肉鸡经济效益的重要因素，养鸡水平高低很大程度表现在饲料掌控上。养鸡户在饲料应用中存在3个方面的问题：

饲料配合不过关 自配饲料不按比例，随意更改，造成能量、蛋白质的浪费，增加了鸡的肝、肾负担，增加了饲料成本。

品种更换频繁 如某一饲养户在一批鸡中先后更换多个厂家的饲料。饲料更换频繁，鸡难以适应，最后卖鸡时42日龄料肉比达2.2∶1不仅增加了成本，还降低了饲料转化率。

添加剂重复添加 正规场家生产的饲料已添加了多种添加剂和促进生长的药物。但有的养殖户又盲目重复添加，造成不必要的损失。

防疫措施的缺陷

免疫程度混乱 某些养鸡户不能根据自己的实际情况和专家建议的防疫程序，仅凭经验，结果病死鸡，表现在：

①免疫程序不合理。有经验的饲养户会根据鸡苗批次采取相应不同的免疫程序，而有的养鸡户免疫程序固定不变，年年老一套，往往造成免疫过早或过迟使免疫失败。

②随意减少免疫程序、次数，或者防疫密度太低，造成漏免鸡过多，使鸡群发病、死亡。

特别提示

有的养鸡户把抗生素视为万能，鸡群发病了，大量用药，引起药物中毒，使病情更为复杂和严重，经济损失更大。有的农户对疾病预防不够重视，发病了却乱用药，这都是不可取的。防病重于治病，这是提高养殖效益的一条重要经验。

3 如何科学防治鸡病、减少用药?

造成养鸡成本高的主要原因之一是鸡病。从散养到圈养，饲养密度增加1倍，发病率要增加4倍。所以鸡病的危害比以往任何时候都重。有的地方滥用疫苗，以为疫苗万能，所以在饲养过程中过度使用疫苗或抗生素。疫苗防病的原理是以弱毒疫苗给鸡接种，使鸡轻微发病，产生特异性抗体和淋巴因子，因此而产生免疫力，达到防止鸡感染强毒病原而不发病。所以免疫接种的前提是本地有这种疫病存在。如果本地区没有这种病而盲目注射疫苗，不仅无益，反而有害。用疫苗品种多、次数多，接种之间的间隔短，会增加费用，降低免疫效果。另一方面每接种一次疫苗就是一次轻微发病，往往影响2天的增重。饲养肉仔鸡，由于生长期短，应尽可能用母源抗体防止幼雏发病。如果对一些常见病(如新城疫)必须用苗，也只能用1次Ⅳ系苗，不用Ⅰ系苗。有些鸡场不但用Ⅰ系苗接种肉仔鸡，而且作为经验传播，殊不知Ⅰ系苗毒力中等，给肉仔鸡用，不但会污染本场环境，给以后的雏鸡带来威胁，而且到肉仔鸡上市时仍在排毒，会严重影响鸡肉品质。有些鸡场用药物防治球虫病时，不按规定用药，上市前几天仍未停药，使鸡体内残留药物超标，影响消费者健康。国外曾有抗药性的鸡弯曲杆菌感染人后，用抗生素治疗无效而死人的报道。

防治鸡病最有效的措施是科学安全用药，辅以科学管理。例如，各鸡场间相隔拉远，减少疫病传播机会。每个鸡场只养一个品种的鸡，而且是全进全出，可有效地阻断病原传播，采取分段饲养法，将雏鸡、青年鸡和产蛋鸡分别在不同的鸡场饲养，缩短了全场消毒周期，有利于灭菌消毒。

特别提示

防治鸡病最有效的措施是科学安全用药，并辅以科学管理。用疫苗品种多、次数多会增加费用，降低免疫效果。

4 肉鸡市场空间有多大?

近年肉鸡市场的波动并不是供大于求，市场供需平衡是相对的。世界上生产鸡肉最多的国家是美国，美国肉鸡产量高于我国，但人口只有我国的 1/5，按理说鸡肉供应该是大大地供过于求，事实并非如此，通过提高生产力，降低成本，使人们多吃鸡肉，结果美国人的鸡肉消费全球第一。日本是只进口不出口鸡肉的国家，按理说国内市场是供不应求，养鸡可以获得丰厚的利润。可事实上，由于日本劳动力成本高，进口鸡肉便宜，养鸡不赚钱，所以饲养量下降。我国传统的肉鸡生产区有山东、广东、江苏、四川、辽宁、河南等地，排在我国肉鸡产量前 10 位，其产量合计约占全国总产量的 75%。加入 WTO 后，我国鸡肉出口日益增加。世界上进口鸡肉最多的国家是俄罗斯和日本，都是我国的近邻，外贸前景极好。20 世纪 80 ~ 90 年代我国曾有过养鸡利润丰厚的阶段。那时由于大量引进国外肉鸡优良品种和生产技术，只要把鸡养出来，无论成本高低都赚钱。如果我们横向比较，选美国的肉鸡生产成本作为参照物分析近些年的养鸡形势，就会发现养鸡大有前途。目前美国生产的肉鸡 42 天活重达 2. 10 千克，饲料转化率为 1. 90，死淘率 4. 0%。每千克西装鸡的价格是饲料价格的 3 倍以上，是美国人平均月收入的 1/2000；我国现在生产的肉鸡 52 天也达 2. 10 千克，饲料转化率在 2. 20 以上，死淘率在 15% 左右。每千克西装鸡的平均价格是饲料价格的 4 倍。但由于劳动力成本低，鸡肉价格相对于牛羊猪肉仍有利可图。所以，应积极地提高劳动生产率，降低成本以增强鸡肉市场竞争力，进一步降低价格以促进消费，进一步提高质量以增加出口。

特别提示

我国目前肉鸡由肉仔鸡和优质肉鸡(包括地方土种鸡和经杂交选育的黄羽肉鸡)两部分组成。其中，肉仔鸡的生产起步较晚，系从国外规模引进肉种鸡在国内繁殖，进行商品生产始于20世纪80年代初期，但发展迅速，目前肉仔鸡的产量居世界前茅；优质黄羽鸡以保持地方土种鸡的品种味、肉质和外貌特征，通过本品种选育和引种杂交，提高了生长速度和品质。

5 从世界肉鸡发展趋势看我国肉鸡业存在的主要问题?

进入21世纪以来，世界鸡肉年产量在肉类总产量中的比重已达30%，且正以每年1%的速度增长。欧洲、北美因良种潜力得到充分发挥，家禽业发达，科技水平高。肉鸡42日出栏，体重达2千克以上。美国是世界肉鸡业的发源地，也是当今世界肉鸡业领先的国家，1987年禽肉总产量已超过牛肉；1990年肉鸡总产量超过牛肉。在肉类竞争中，这个比重会不断上升，最终将超过牛肉，也将超过猪肉，在肉类中占据第一位。

在经营方面，随着WTO条款的运用，鸡肉生产将高度集约化、系列化、产销一体化，个别国家出口垄断的局面已被打破。10年前，世界上美国鸡肉出口超过其生产总量的15%～16%，占世界出口量40%之多(1997年出口251.9万吨)，当时我国尚未形成规模。目前由于我国肉鸡产业化的发展已成规模，在国际市场，山东、江苏等省市的肉鸡出口已占相当份额，因此，肉鸡市场多元化趋势已定，竞争也将更为激烈。

我国肉鸡生产的主要问题有：

(1)肉用祖代鸡场布点过多、过散，规模小，技术水平有待提高，在某些区域内盲目竞争，出口过程中相互压价。

(2)种鸡生产效率低，饲养管理、经营水平不高，部分场还存在健康养殖隐患，科技转化为生产力的能力还未充分发挥。

特别提示

在全球经济一体化的大潮中，应从国家的宏观调控、行业的产业导向和企业的微观管理等方面解决这些问题，使我国正处于上升阶段的肉鸡养殖业量更大、质更优，技术和管理更完善，在国际市场的竞争力更强。

优良鸡种与选择

优良鸡种应具备的特征：有很高的产蛋性能，年平均产蛋率达75%～80%，平均每只入舍母鸡年产蛋16～18千克；有很强的抗应激能力，抗病力、育雏成活率、育成率和产蛋期存活率都能达到较高水平；体质强健，体力充沛，能维持持久的高产；蛋壳质量好，即使在产蛋后期和夏季仍然保持较小的破蛋率。

6 我国常见的肉鸡品种有哪些？（视频1）

惠阳鸡 又称三黄胡须鸡。肥育性能好，肉质鲜美，皮脆骨软，脂丰味美。属中小型鸡，胸深背短，后躯丰满，胫短，整个躯体状似葫芦瓜形。其突出的特征是颔下有发达而张开的细羽毛，状似胡须。头稍大，单冠直立，有6～7个冠齿，耳红，虹彩金黄色，无肉髯或仅有很小的肉垂。羽毛黄色，部分主翼羽和主尾羽呈黑色，喙、胫均为黄色。无胫羽，4趾。生性活泼，耐粗料，易育肥。大群饲养120天即可上市。成年公鸡体重1.65～2.96千克，母鸡1.25～2.05千克。若以农家放牧形式和以自给饲料为主进行饲养，一般青年小母鸡需经180天才能达到性成熟和体重在1.20千克左右。但此时一经笼养育肥12～15天，可净增重0.35～

0.40 千克。这种前期放养、后期笼养育肥的肉鸡，品质优，鸡味浓，属鸡中上品。青年小母鸡平均半净膛屠宰率为 84.8%，全净膛为 76%。150 日龄公鸡半净膛屠宰率为 87.5%，全净膛为 78.7%。惠阳鸡产蛋性能低，6 月龄后开产，年产蛋 70～90 枚，平均蛋重 47 克，蛋壳分棕色、白色两种。

北京油鸡 体躯不大，羽毛丰满，头较小，单冠并有“S”形弯曲，冠叶小，肉髯不发达。多有冠毛、毛髯，俗称“二毛”，或与胫羽合称为“三毛”。体羽分黄色和褐色两种，皮肤、胫、喙呈黄色。成年公鸡体重 2.5 千克，母鸡 1.8 千克。性成熟较晚，母鸡约 270 日龄开产，年产蛋 120 个左右，平均蛋重 57～60 克，蛋壳分淡粉色和浅褐色两种，厚而结实。母鸡皮下脂肪及体内脂肪丰富，肉质细嫩、鲜美。

石岐杂鸡 为杂交后代，外貌特征和肉质基本保持三黄鸡的黄毛、黄皮、黄脚、黄脂、短脚、单冠、圆身、薄皮、细骨、脂丰、肉厚、味浓特点，具有体型较大、适应性好、抗病力强、成活率高、个体发育均匀等特点。经 110～120 天饲养，青年小母鸡平均体重在 1.75 千克以上，公鸡在 2.0 千克以上。全期肉料比为 1∶3.2～3.40。母鸡年产蛋 120～140 枚，生产性能稳定。青年小母鸡半净膛屠宰率为 75%～82%，胸肌占活重的 11%～18%，腿肌占活重的 12%～14%。

改良石岐鸡 又称台湾石岐鸡，因外貌特征酷似石岐鸡而得名，生产性能优于石岐鸡，故名改良石岐鸡。该种外貌单冠直立，6～8 冠尖，冠及肉垂均较发达，耳叶鲜红。虹彩橙黄。喙、脚皮肤黄色(肌肉、皮肤淡黄)，全身羽毛基本黄色，雌性稍为淡黄，雄性较深黄。雌雄的主尾羽与主翼羽多为黑色，母鸡颈羽有黑色花斑点。平均体重成年公鸡 3.70 千克左右，母鸡 2.65 千克左右。性成熟期与石岐杂鸡近似。开产日龄为 21～22 周龄。开产母鸡体重平均 1.8 千克。26 周龄达产蛋高峰期。

桃源鸡 地方良种之一，以体型大、雄壮、粗放、肉质好而著名。体躯呈长方形，单冠，尾羽上翘，侧视呈“U”字形。公鸡好斗而母鸡温顺。公鸡体羽金黄色或红色，主尾羽呈黑色，颈羽金黄、黑色相间。母鸡羽色分黄羽型和麻羽型两种。两种型的腹羽均为黄色，主尾羽、主翼羽均黑色。喙、脚多为青灰色，单冠红色，虹彩金黄色，皮肤白色，个别为深灰色。桃源鸡长羽缓慢，早期生长慢，性成熟晚。公鸡 130 天开鸣，母鸡开产日龄 195 ~ 220 天。年平均产蛋100 ~ 120 个，平均蛋重 57 克，壳色棕黄或浅棕色。成年公鸡体重为 4.0 ~ 4.5 千克，母鸡 3.0 ~ 3.5 千克。

浦东鸡 体大腰肥，肉质鲜美。单冠、黄喙、黄脚。羽毛可分为几种类型：公鸡常见的有红胸、红背和黄胸、黄背；母鸡有黄色和浅麻、深麻及棕色 4 种。公鸡和母鸡的主翼羽、尾羽都是黑色的。主翼羽紧贴体躯，腿羽黄色，厚而蓬松，呈球状凸出。耐粗饲料，适应性强，3 月龄时体重可达 1.25 千克。成年公鸡体重 3.5 ~ 4.5 千克，母鸡体重 2.5 ~ 3.5 千克。210 ~ 240 日龄开产，年产蛋量 120 ~ 150 个，平均蛋重 55 ~ 60 克，壳褐色。

新浦东鸡 用原浦东鸡与白洛克、红考尼什杂交选出的组合，新浦东鸡 70 日龄公母平均体重达 1.5 千克左右，保存了原浦东鸡的体大、肉质鲜美等特点，提高了早期生长性能和产蛋性能，体型、毛色基本一致，成为遗传性基本稳定的一个配套品系。

泰和鸡 又称“丝毛鸡”、“乌骨鸡”。它是著名中成药“乌鸡白凤丸”的主要药用原料之一。体型小，全身具有白色丝状而柔软的羽毛，状似绒毛，头的顶部也有较发达的状似鬃毛的羽毛，胫也有毛。也有全身是黑色羽毛的。其特点是全身的皮肤呈紫蓝色，骨头有一层蓝色的腱膜包裹着。紫色桑葚状冠，绿耳，缨头，有胡须，5 趾。此外，内脏、脂肪、肌肉、骨骼，还有喙、趾爪均是紫蓝色或呈黑色。肉质细嫩，配中药清炖烹调，其味鲜甘而幽香。产蛋甚少，一般年产 80 个蛋左右，就巢性强，并且生长甚慢。

川南乌骨鸡 黑羽、体大，产肉多，肉质好，繁殖力强，并有药用价值。属肉药兼用型珍贵品种。4 月龄公母鸡重为 34 克和 94 克；全净膛屠宰率 79.5%，净肉重 1.51 千克；母鸡年产蛋 100~120 个，受精率 82%，孵化率 87%，成活率 95%。

北京黄鸡 用北京油鸡与新汉县鸡杂交育成。120 日龄时公雏体重 1.8 千克，母雏为 1.2 千克。杂交肉鸡 70 日龄活重达 1.37~1.75 千克。用石岐杂×红布罗、北京黄生产杂交商品肉鸡，90 日龄平均体重 1.6 千克，肉料比为 1∶2.8。

特别提示

优秀地方鸡种还有：原产于广东清远的麻鸡，以体型小、皮下和肋间脂肪发达、皮薄骨软而著称；主产于广东封开县的杏花鸡，早熟易肥、脂肪分布均匀、骨细皮薄；原产于广西容县的霞烟鸡，体型较大、体态丰满、屠体美观、肉质嫩滑；原产于福建长汀县的河田鸡，体型浑圆、屠体丰满、皮薄骨细、肉质细嫩、肉质洁白。

7 从国外引进的肉鸡品系有哪些？

罗曼肉鸡 是德国罗曼公司育成的白羽肉鸡。其特点是生长速度快，体重大，饲料转化率高。仔鸡 56 日龄体重可达 2.2 千克，每千克增重耗料 2.1 千克；63 日龄时分别为 2.5 千克和 2.3 千克；70 日龄时分别为 2.8 千克和 2.4 千克。我国 1982 年引进祖代、父母代鸡，由于引进年代较早，品质退化，已逐渐被淘汰。

爱拔益加(AA)鸡 美国爱拔益加种鸡公司育成的四系配套白羽肉用鸡，4 个曾祖代品系均为白洛克型。该鸡生长快，省饲料，耐粗饲，适应性强。6 周龄体重 1.60 千克，饲料转化率 1.78；8

周龄体重2.74千克，饲料转化率2.14；10周龄体重3.54千克，饲料转化率2.54。

海布罗肉鸡 系荷兰优里布里德家禽育种场育成的四系配套肉用型鸡。两个父系为白科尼什鸡，两个母系为白洛克鸡。四系杂交的商品代鸡为白羽肉用系鸡。商品代肉用仔鸡6周龄体重1.62千克，饲料转化率1.89；7周龄体重1.98千克，饲料转化率2.02；8周龄体重2.35千克，饲料转化率2.15；9周龄体重2.72千克(公鸡3.02千克，母鸡2.42千克)，饲料转化率2.28。

红布罗肉鸡 又称红宝肉鸡。系加拿大雪弗公司育成的四系配套红羽肉鸡品种。父系为胸部丰满、体质结实的红科尼什，母系为产蛋量高的红羽鸡。商品代肉用仔鸡具有黄喙、黄脚、黄皮肤三黄特征。生长迅速，饲料转化率高，体型好。用全价饲料饲养，60日龄体重达2.2千克，中等营养水平70日龄体重1.8千克，饲料转化率2.2~2.7。

狄高肉鸡(TR83) 是澳大利亚狄高公司培育的配套系自别雌雄黄羽肉鸡品种。商品代仔鸡5周龄体重1.63千克，饲料转化率1.71；6周龄体重2.09千克，饲料转化率1.94。广州、江苏分别于1982年、1988年引进父母代、祖代鸡，不少地区已有饲养。TR83黄羽肉鸡生产性能优于红布罗、海佩科等红羽肉鸡，生长速度、饲料转化率与爱拔益加等白羽肉鸡近似。

彼得逊肉鸡 是美国彼得逊国际公司培育出的四系配套的肉鸡品种。彼得逊父系性能乃当今世界公认一流，其饲料转换率的遗传率高。该肉鸡具有生长快、长肉多、饲料转化率高、抗病力强、成活率高等特点。其父母代和商品代可根据羽毛快慢羽自别雌雄。父母代鸡生产性能为：开产日龄(5%产蛋率)25周龄；产蛋高峰(85%产蛋)31周龄；入孵蛋平均孵化率86.24%。

特别提示

我国自20世纪60年代中期以来，先后从国外引进商品用肉鸡配套系近20个。主要有：爱拔益加(AA)、艾维茵、彼德逊、科宝、伊沙明星、罗曼、星布罗、海布罗、印第安河、海佩、红布罗、罗斯208、罗斯308、哈巴德、锹主、塔特姆、独高等。

鸡场的建造与设备

鸡场所坐落的位置与鸡群卫生防疫、生产性能的表现及种蛋或雏鸡的销售活动都有密切关系，而且鸡场一旦建成后，如发现位置不理想，移动搬迁非常困难。因此，选择理想的位置是建造鸡场非常关键的步骤。理想的场址应具备以下条件：地势高、干燥、背风且易于排水，另外，还要考虑农、林、牧、副、渔的综合利用。

场址选好后，要对鸡场建筑进行合理布局，以便于管理、节省投资为原则，管理区、服务区和养殖区要各司其职。鸡场要有消毒、照明、喂料、供水、通风、保暖等基本的设备。

8 如何选择场址？（视频 2）

气候资料不可少 建舍前要了解掌握场址所在地年内的气象资料，如年平均气温、绝对最高气温、最低气温、土层冻结深度、积雪深度、夏季平均降雨量、最大风力、常年主要风向、各月份的日照时数等。

交通方便很重要 鸡场位置应选择接近公路、饲料来源充沛的地方。场址要离交通主干线 1 千米以上，这样既利于防疫，又能满足鸡场繁忙运输的需要。

水电供应有保障 一个规模有万只的鸡场，每日饮水需要3~4吨，其他如洗涤、降温等用水不少于10吨。所以在考察鸡场的水源时，要了解供水量是否充足，水源有无污染，并检查水质是否适于养鸡用。

大型鸡场最好能自辟深井，以保证用水的质量。因为在8~10米深处，有机物与细菌已大为减少。对于水禽饲养场，最好利用缓慢流动的活水。

水质好坏是依据水中含有的无机盐、酸碱度、硝酸盐和亚硝酸盐类以及大肠杆菌的数量而判定的。污染或无机盐过量的水对鸡的生长不利。

现代化鸡场无论是照明、孵化、供温、清粪、饮水、通风换气和加工等，无不需要用电，因此鸡场要求电源充足。大、中型养鸡场除了依靠场外电源外，要有自己备用的发电设备。

防疫保障要做到 选择建造鸡场的地方最好是未经养过牲畜和家禽的新地，并与交通干线、市场、屠宰加工厂、家禽仓库、居民点等易于传播疫病的地方保持一定距离，以防鸡病传播。

土层稳固需干燥 对土层土壤的了解也很重要。检查地层构造有无断层、陷落、塌方及地下泥沼地层等，主要看它对建房基础的耐压力。选用土质不好的土层基建，就会因加固基础而增加基建成本。对于鸡本身来讲，选用砂质土壤比较适合。

特别提示

场址应选择地势高、干燥、背风和易于排水的地方。在山区建场，应选择坡度不大的山腰处建场。地势的高低直接关系到光照、通风和排水等，必须慎重地选择有利地势。场地要合理规划，要有利于农、林、牧、副、渔综合利用，也要考虑将来鸡场发展扩大的可能性。

9 鸡场如何布局和规划?

鸡场内可划分为管理区、服务区和养殖区三部分。管理区包括办公室，会议室，供电室，发电室，仓库，维修车间，锅炉房，水塔，产品仓库与处理部，车库，停车场，厕所等。服务区有职工宿舍，招待所，食堂，医务室等。养殖区包括洗澡、消毒、更衣间，场内会议室，各舍临时午餐及午休室，蛋库，孵化室，育雏舍，育成鸡舍，兽医室，厕所等，见图 3-1。

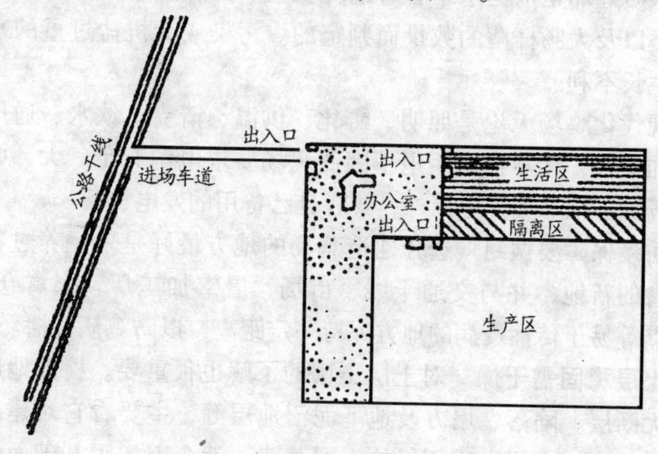

图 3-1 鸡场三大区布局示意

管理区与养殖区连接，有围墙隔开，生活区距行政区和生产区 100 ~ 150 米。行政区应设在与生产区风向平行的一侧，生活区最好设在行政区之后。饲料库则可设在行政区与生产区之间，选择在排水良好的山冈上，应尽量靠近耗料量大的鸡舍。

场内清洁道和脏污道，应互不交叉，以利防疫。清洁道用于运输活禽、饲料和整洁设备；脏污道用于运输粪便、死禽和脏污用具等。生产区内的运输，应使用专用的车辆，而场外运输的车辆，只能进入行政区内。

养殖区是家禽场总体布局中的主体，要根据生产流程顺序和卫生防疫要求布局。各种房舍分区规划，按地势和风向安排。通常鸡舍的前后布局应为孵化室、育雏舍、中雏舍、大雏舍、成鸡舍(种禽舍或生产禽舍)等顺序来设置，既适合于生产流程，又能减少幼、中雏受成年禽舍排出污浊空气感染疾病的可能，朝向是禽舍建筑布局中不可忽视的问题，好的朝向有助于通风和调节舍温，相应缩短鸡舍间的距离而充分利用土地面积。一般来说，鸡舍采用南、南偏东或南偏西的朝向，冬季由于光入射角小、鸡舍内可获得更多的太阳辐射热能取暖，夏季则由于阳光入射角大，阳光通过窗口射入鸡舍地面的范围小，而避免过强的辐射热。与鸡舍长轴平行的墙壁应避开冬季主导风向，选择大于风向角45°的朝向为宜。开放式鸡舍要借助于自然气流来通风换气。鸡舍的朝向还与场区排污的效果有关系，其效果取决于鸡舍与主导风向的夹角关系。风向入射角为90°时，即鸡舍与主导风向平行，场区排污效果最佳。

特别提示

鸡场布局的原则是便于管理，节省投资。根据夏、冬季的主导风向合理确定鸡场座向、地形和各区建筑物的距离。

10 鸡舍有哪些类型？各有什么特点？

封闭式鸡舍 顶盖与四壁绝热性好，无窗，侧壁设应急窗；舍内的温度、水分、通气、光照等能自动控制；供水、供料及监视等采用自动化控制。

开放式鸡舍 要求围墙离开鸡舍至少要有30米。大型鸡场，围墙外挖一条2～3米宽、1.5米深的防护沟。出入场口要设有消毒关卡。每幢鸡舍设值班间，便于观察和处理紧急情况。鸡舍的高度、结构形式、窗户设置都应合乎通风要求。夏季气温高的地方还要安装排风机械或散热风扇。建筑材料要考虑到可以清洗和消毒，鸡舍牢固并防鼠害。

简易式种鸡舍 这种鸡舍投资少，建造简单，适于热带、亚热带专业户养小量母鸡时繁殖用，同时也可作某些育种场的母鸡舍。鸡舍的设计使饲养员喂鸡、清粪、集蛋都在同一工作走道上进行，有利于防疫卫生。缺点是防鼠、兽害的性能较差。因此，一定要注意植树绿化以防暑，并要加强巡视。这种鸡舍和场地最好建造在15°斜坡上(图3-2)。

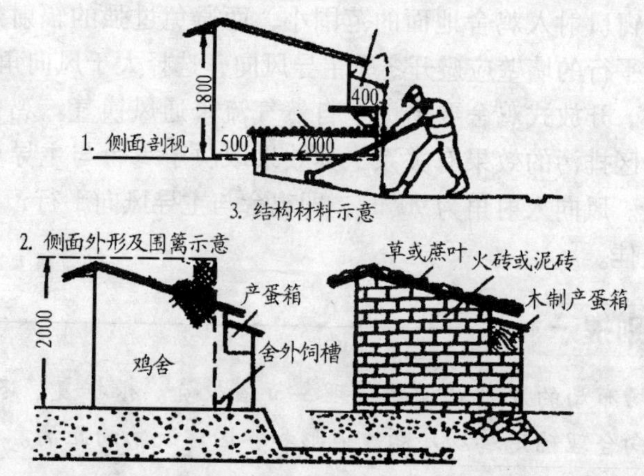

图3-2 简易式种鸡繁殖舍的布置和结构

开放式平养种鸡舍 适用于饲养肉用种鸡。其特点是采用一段式饲养，从育雏、育成全都在同一间鸡舍内进行。舍内地面有的用垫料，有的2/3用木条漏粪板面(图3-3)。

双列网养种鸡舍 这种鸡舍适用于种鸡繁殖。种鸡在舍内金属网上平养，鸡粪落在网下，用刮粪机清粪；或用V字形集粪沟，

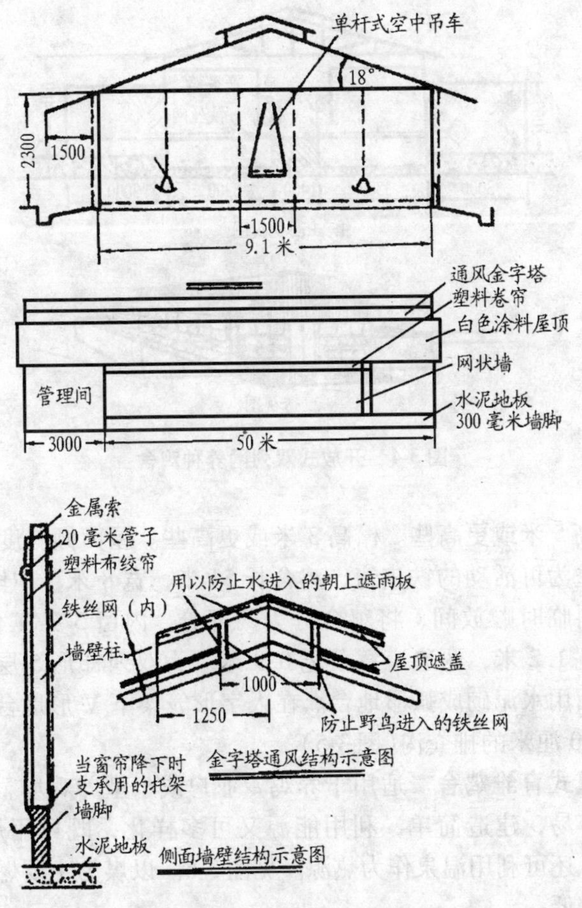

图3-3　开放式平养种鸡舍

人工进架底下的集粪沟里清粪；也可结合鸡群全清栏时打开地网架，进入集粪沟内清粪。其优点是通风条件好，自然光线充足（图3-4）。

多层笼养育肥鸡舍　适用于肉鸡育肥，一般屋顶为钟楼式结

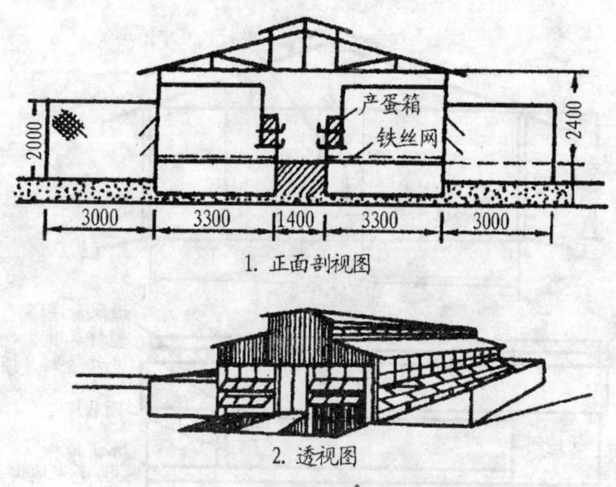

1. 正面剖视图

2. 透视图

图 3-4 开放式双列网养种鸡舍

构，顶高 5 米或更高些。檐高 3 米或更高些。屋面倾斜度为 1/3。鸡舍四壁为可活动的铁皮窗，鸡舍长 54 米，宽 8 米，中段留 3.2 米为饲料临时贮放间，将鸡舍分为两部分。内留 3 条工作走道，中间道宽 1.2 米，两边道每条宽 0.9 米。为双列梯形 5 层笼的排列。地面用水泥砌成弧形地台。在人字形笼架下 V 形地台中央为一条宽 30 厘米的排粪沟(图 3-5)。

坑道式育雏鸡舍 适用于养鸡专业户或小型养鸡场。这种鸡舍取材容易，建造简单，利用能源又可多样化，既可用煤、炭、柴和电，还可利用温泉作为热源。见图 3-6。以煤为主要燃料，保温费用较低。

组合式自然通风鸡舍 这种鸡舍是采用轻质保温建筑材料，属于简易禽舍。其建筑施工工艺特点是现场组装工程，与传统的砖木结构或钢筋混凝土结构禽舍的建筑相比，组合式建筑类似临时工棚，拆迁方便，组合构件可以重复使用。其复合板块的类型也由单一的木质纤维复合板发展到水泥、石膏与保温材料珍珠岩、岩棉复合板等，其结构如图 3-7。屋顶为波形铁皮或另设隔热结

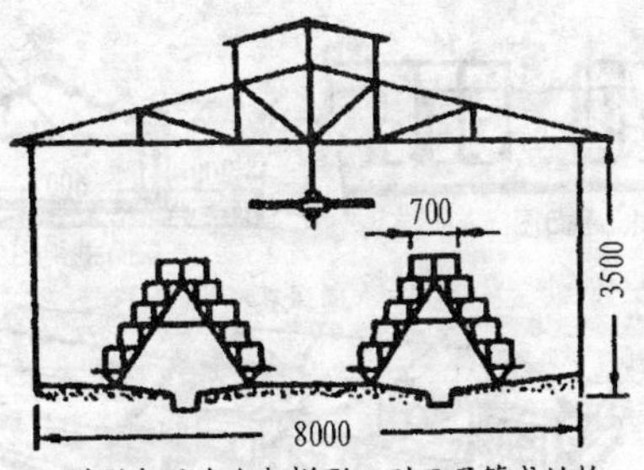

1. 弧形水泥地台与梯形双列五层笼式结构

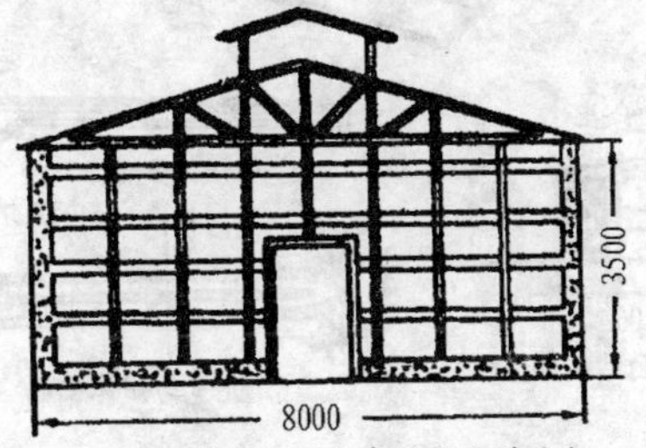

2. 用水泥支柱和方木条结构的槽鸡舍

图3-5　槽鸡舍

构。隔热结构由波形铁皮、铝纸、桁条、铝纸、石棉水泥隔热板相关叠加而成。在两端墙中央各设一向外对开的双扇铁皮门。窗在两纵墙上各设上悬式单层外铁皮窗24个(高104厘米、宽88厘米)，向外向上开启角约60度，窗台离地70厘米，钟楼两侧全部设中悬式单层铁皮窗，在地面用长竿长绳控制开与关。

封闭式有窗鸡舍　适用于冬春季比较寒冷的地区。鸡舍应建筑在向阳处，坐北向南，可建成北墙下留有0.8~1.2米走道的单列或中间有宽1.2~1.3米走道的双列式，鸡舍高度以不影响人在舍内管理操作为宜。窗户面积与舍内地面面积成1∶9到1∶10之比，饲养密度每平方米6~8只。饲槽和产蛋箱建在靠走道外，每只鸡占饲槽宽度8~10厘米，产蛋箱距地面高度0.6米左右。鸡

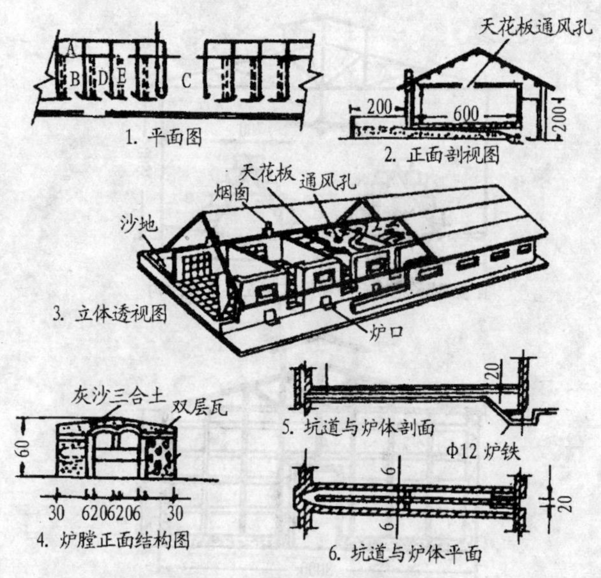

图 3-6 地下坑道式育雏鸡舍

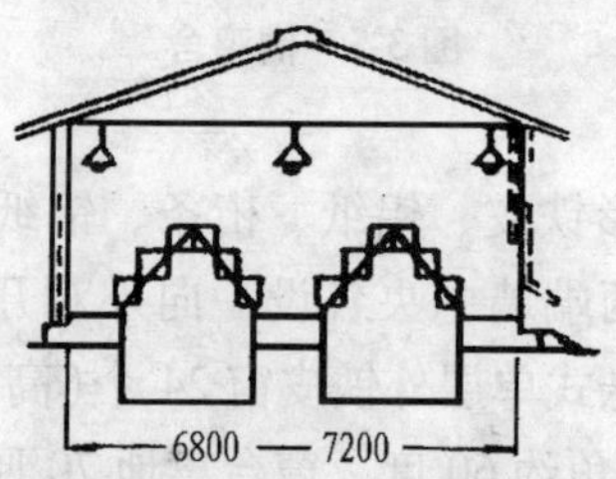

图 3-7 开放型组合式地坑积粪笼养蛋鸡自然通风舍

舍可用栅栏铁丝隔成单间，以免鸡群过大。每个单间有通运动场的通道，运动场面积为鸡舍面积的 1.5～2.0 倍，运动场栅墙高 1.8 米。为了冬季保温，北墙窗户可采用塑料窗帘或草帘遮盖。鸡舍通风可采用出气式自然通风，即在屋顶两侧设断面 30 厘米 × 30 厘米或 40 厘米 × 40 厘米的出气孔。采光主要以自然光为主，仅在冬季为保持产蛋鸡的光照时间，可在早上或晚上适当补充人工光照，使总光照时间保持16小时左右。

此种封闭鸡舍若采用群体笼饲养产蛋鸡，鸡笼可沿围墙排列，设一层或两层。每只鸡占笼底面积484平方厘米左右，每笼养4～6只鸡。这种饲养方式，不设运动场，不设产蛋箱，能充分利用鸡舍面积。但由于鸡的活动范围小，得不到阳光照射，使维生素D形成受阻，影响钙的吸收。所以，必须注意饲料的全价性，否则，会使破损蛋增多。

半开放网上平养鸡舍 这种鸡舍对于鸡群不大的庭院养鸡比较适用，因鸡舍较低，对住宅采光影响小。冬季舍外温度在－10～－15℃时，舍内温度仍可保持7～10℃。

鸡舍坐北向南，北墙设窗户，南墙半开放，开露部分可用铁丝网或窗纱围栏。地下部分深度约0.6米，网离地面高0.7米，地面部分高1.5米，屋顶高0.5米。可根据鸡的多少建成单列式或双列式。一般有3米宽、8～10米长(不包括运动场)的地方，建成单列式或带走道的鸡舍，可养100多只鸡。因为养鸡数量少，喂饲和清粪劳动量不大，走道有0.8米宽就行。网床通往运动场可设鸡的出入门，以0.35米×0.35米大小为宜。

这种鸡舍的饲槽、水槽、产蛋箱的设置及槽位的大小和封闭舍相同。网床可用8～10号铁丝或竹条编织，分成几块，网下设支撑架，网可自由取放。产蛋箱用支架固定于水槽之上，底距网高0.6米，可用木板、纤维板制作。产蛋箱底向走道有7°的倾斜坡度，伸出走道约10厘米并向上有8～10厘米的弯曲，防蛋滚落。为了使蛋顺利滚出，箱底靠走道处应做6厘米左右的窄缝，产蛋箱宽30厘米、深40厘米、高35厘米。

为了鸡舍的冬季保温，可在北墙窗户、南墙开露部分挂塑料布或草帘，中午天气暖和时，可将窗帘卷起。

塑料棚肉用仔鸡舍 可利用房前屋后、村边路旁、河滩荒滩，田间地头、林间山坡等空闲地，靠近水源、地势较高无污染的地面搭棚。通常，建一个100平方米塑料大棚需8丝长寿薄膜17千克，直径2~4厘米、长4~5米竹竿100根，立柱27根，砖800块，适量的聚丙乙烯细绳、铁丝、麦秸、苇帘或竹排等。东西走向，两侧垒山墙，山墙下开门，门上留通气孔。一般长20米、宽5米、高1.8~2.0米，呈拱形，底角60°，天角20°，棚顶建2~3个直径40~50厘米可关闭的天窗。

材料选好后，用直径2~4厘米、长4~5米竹竿两根对接绑牢弯成弧形起拱，两拱间50厘米，全棚39拱，全拱由8根竹竿连接，顶2根绑在一起，两侧各3根，与拱用铁丝绑紧支成棚架形成一整体。为了使棚架牢固，拱下每隔2米由3根立柱支撑，顶牢后用铁丝绑紧。薄膜长21米，宽7米，提前按规格粘好，盖膜选无风天气，将膜直接搭在棚架上，膜外压一张竹排（称内竹排），竹排可用细竹竿、葵花杆、高粱秸制作，每根之间10~15厘米，每根拴2~3道尼龙细绳。在内竹排外加盖15~20厘米厚的麦秸，再压上同样的竹排（称外竹排），内竹排防麦秸滑下，外竹排起压紧作用（内竹排可用苇帘代替，外竹排可用尼龙网代替），竹排距棚两边地面90厘米，把露出的牵绳拴在棚两边地锚铁丝上，棚两侧薄膜内面拉上90厘米高的护网。

特别提示

鸡舍有开放式和封闭式两种。实践证明，山区农民采用因陋就简的大棚式鸡舍，既灵活方便，经济实惠，且提高了养鸡成活率，颇值得推广。

11 鸡场常要哪些设备？（视频 3）

鸡舍供温设备

育雏保温伞　用 0.5 毫米镀锌板制造，直径为 1.2 米，伞内设 1 盏红外线加热灯。使用时每间鸡舍内设 1 个火炉，在地板网上设电热保温伞即可。通常每个保温伞可育雏 500 只左右（图 3-8）。

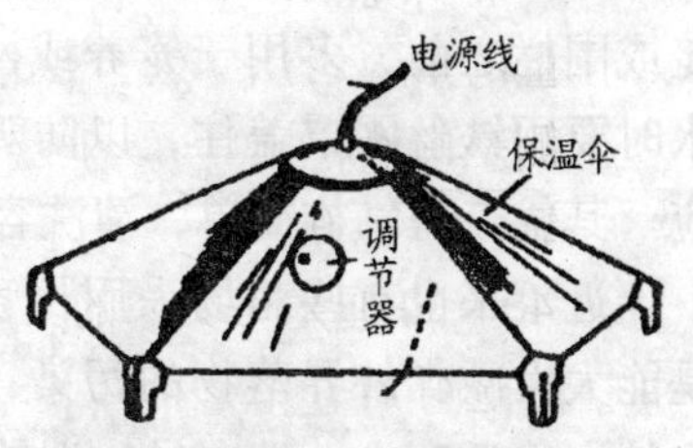

图 3-8　育雏电热保温伞

煤炉保温罩　这种煤炉结构简单，容易制造。用一条直径为 25 厘米、长 50 ~ 55 厘米的瓦管，锯 1 个出灰口，钻一个进气孔及一个出气孔以安装两条铁皮管。选用数条铁条制成的炉桥架，置于瓦筒底部，炉桥架的中间安装常用蜂窝煤炉胆，瓦管与蜂窝煤炉胆间的间隙用珍珠粉或煤灰渣填充。炉的外围用木条制成六角形或方形斜斗保温罩架，然后用废纸箱的硬纸皮钉在上面便成（图 3-9）。使用这种煤炉罩保温育雏时，要注意将一氧化碳用管子导到屋外，以免中毒。罩内安装电灯照明时，电线不可过分贴近炉边，以免融化胶皮，引起火灾。

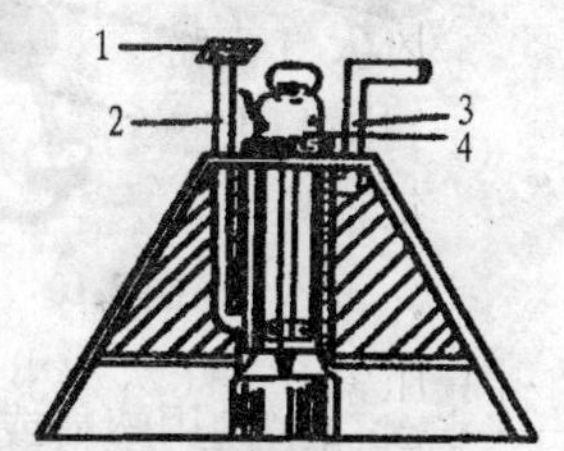

图 3-9　煤炉保温伞

1. 支架　2. 灯泡及开关
3. 电源 220 伏　4. 调节板
5. 电热盘

喂料设备　自制的饲料槽或饲料桶要求坚固耐用，方便采食，不易被粪便、垫料等污染。饲料槽或饲料桶可用木材制作，也可由镀锌铁板制成。制成的槽或横立剖面宜为“凹”、“山”等形状，这样有利于防止鸡用喙将饲料勾出槽外。

喂料设备除自制外，还有市售链板式喂料机，其性能良好，维修方便，笼养或平养均可采用。

饮水器

水槽　通常由镀锌铁皮、木材或塑料做成呈长条状。挂于鸡笼或围栏之前，多用于笼养或网上平养，也可用于地面平养。饮水时要用铁丝网罩盖住，以防鸡进入水槽内。一般采用长流水供应。其优点是结构简单，清洗容易，但易传播疫病，耗水量大。

近年来也有些鸡场采用长管形饮水槽，见图3-10。它的优点是能大大减少外界落物的污染，不易漏水，每隔数天可用装于其中的海绵活塞由一端向另一端抽动，带去内壁污物，以保持干净。

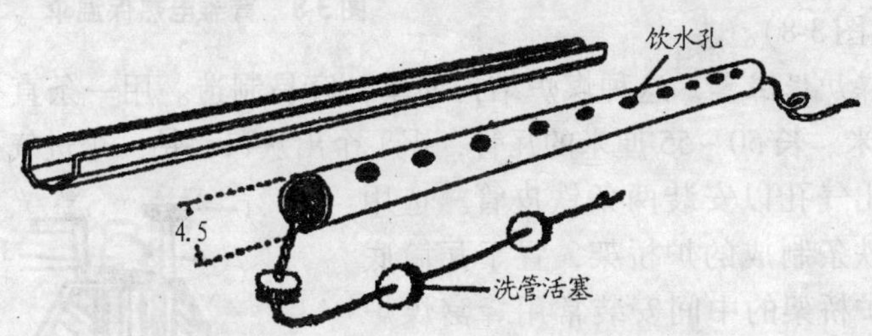

图3-10　普通饮水槽与长管形饮水槽

水盆　水盆用塑料或陶瓷制成，上面盖有铁丝网罩。

真空饮水器　由一圆锥形或圆柱形的容器倒扣在一个浅水盘内组成。圆柱形容器浸入浅盘边缘处开有小孔，孔的高度为浅盘深度的1/2左右，当浅盘中水位低于小孔时，容器内的水便流出直至盖没小孔为止。真空饮水器轻便实用，也易于清洗。适合于鸡的各个生长阶段。

钟形饮水器　在笼养鸡中较常采用乳头式饮水器和杯式饮水器。这些饮水器供水卫生，但对水压有一定要求。

鸡笼

肉鸡育肥笼　市售的育雏笼和肉鸡育肥笼型号很多，各地养鸡场或养鸡户可根据实际情况购用。除购买商品笼外，养鸡户可利用废墙在露天搭架建造临时性的肉鸡饲养笼(图 3-11)。这种饲养笼构思新颖，由于顶部开有天窗，鸡只可得到适当的阳光，且有利通风，对鸡的生长发育有利。

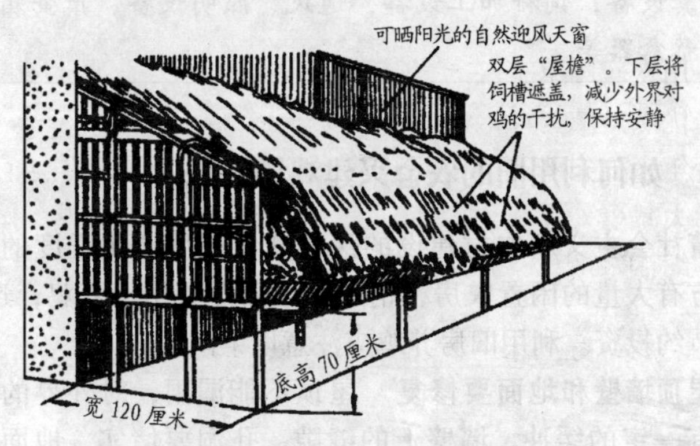

图 3-11　露天临时性肉鸡饲养笼

种鸡笼　将 22～24 只合格种母鸡、2 只种公鸡装入一个种鸡笼内，同样可以得到受精率 80%～90% 的种蛋。种鸡舍与蛋鸡舍技术要求相同(图 3-12)。

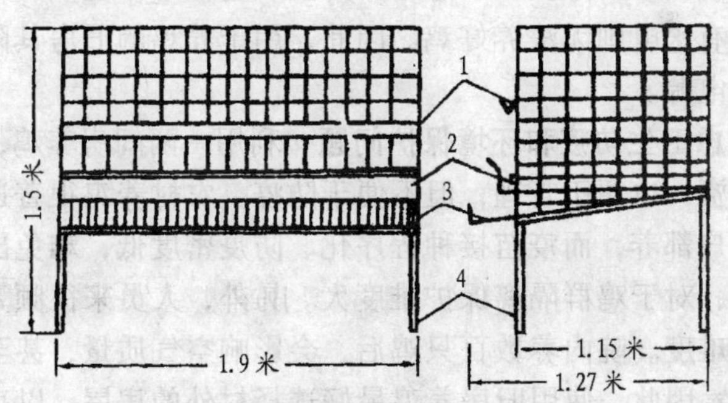

图 3-12　种鸡笼示意图

1. 可调水槽　2. 食槽　3. 集蛋网　4. 笼龙架

特别提示

除上述几种设备外，各养鸡场或养鸡专业户还必须有目的购用清粪设备，饲料加工设备，通风、照明设备，产蛋箱，切喙器及称禽器等。

12 如何利用旧的农舍兴建鸡场?

随着社会主义新农村建设的深化和农村城镇化程度的加速，不少地方有大量的闲置农房，稍加修理后即可用于养鸡，这种方式可以节约投资。利用旧房养鸡应注意以下问题：

对屋顶墙壁和地面要修复 屋顶不能漏雨，对外界的高温、低温应有一定的缓冲。墙壁上的缝隙、孔洞要堵实，地面垫高、硬化，以防鼠、雀进入舍内，也有利于舍内的生产管理。

门窗改造 房窗户较小，不利养鸡的通风和采光条件。因此，应加大窗户面积和增加窗户数量，必要时还应设地窗。如开设窗户较多会影响房舍的整体，可加装排气扇。

水电的供应要方便 水电是养鸡生产过程中不能缺少的基础条件，没有水电则无法养好鸡。因此，用于养鸡的旧房其附近要有水源和电源。

要考虑卫生防疫和环境保护问题 利用一两间房养鸡，可省去一些投资，也便于管理，但不便于防疫。农村养鸡很普遍，几乎家家户户都养，而疫苗接种程序化、防疫密度低，难免出现较大的疫情，对于鸡群隔离保护难度大。另外，人员来往频繁，会增加防疫难度。院内养数百只鸡后，会影响空气质量，甚至影响周围住户。因此，使用旧房养鸡最好选择村外的房屋，以克服管理、防疫不便的问题。

特别提示

利用旧的农舍兴建鸡场可减少投资，但须做好前期改造工作，窗户不宜过小，旧房附近要有水源和电源，并要注意卫生防疫和环保。

鸡的营养特点及饲料配合

蛋白质是生命的物质基础，是形成鸡肉、鸡蛋、内脏、羽毛、血液等的重要组成。鸡在生长发育过程中，需要大量蛋白质来满足细胞组织的更新、修补的要求。机体的全部蛋白质约经6~7个月就有半数为新的蛋白质所更替。

家禽对维生素的需要量甚微，常以毫克、微克或国际单位来计算，但对体内物质代谢、能量转换、生理机能的控制与调节，即对身体健康、生长、繁殖、产蛋等起着不可替代的作用。

鸡必需的营养成分，除刚出壳时由卵黄供给外，其余时间都必须从饲料中获取。因此，应根据鸡的不同生理阶段，供给营养成分均衡的日粮。

13 肉鸡对蛋白质和维生素有哪些需求？

蛋白质

· 多种氨基酸的互补作用　蛋白质由20种以上的氨基酸构成，其中有相当一部分在禽体内可以合成，不一定需要从饲料中摄取，称为非必需氨基酸。而另一些氨基酸则是家禽机体本身不能合成或合成量很少，必须从饲料中摄取的为必需氨基酸。在这些必需氨基酸中，蛋氨酸、色氨酸、赖氨酸一般谷物中含量很少，它们的缺乏往往会影响其他氨基酸的利用率，因此称为限制性氨基酸。

饲料中必需氨基酸的含量因饲料种类不同而有很大差异。用几种饲料配合可获得取长补短、提高营养价值的效果，这种作用就叫做氨基酸的互补作用。在为家禽配合日粮时，要求选用多样饲料，发挥氨基酸的互补作用，保证日粮内氨基酸的平衡，使蛋白质的利用效率相应提高。

家禽对蛋白质的需要量　鸡对蛋白质的需要量因品种、体重和生长阶段而异，同时也受环境温度、饲养方式等因素影响。生长阶段的家禽对蛋白质的需要分为三部分：组织增长、羽毛生长和维持消耗。鸡每千克体重每天维持需要蛋白质 1.6 克。体重越大，维持需要蛋白质越多。生长阶段的肉用仔鸡对日粮蛋白质的利用率约为6.4%。

维生素　维生素是一组化学结构不同、营养作用和生理作用各异、具有高度生物学活性的物质，它既不能供给热能，也不能作为构成机体的原料，只在体内新陈代谢中起调节生理机能的作用。

维生素大致分为脂溶性和水溶性二大类。脂溶性的有维生素A、D、E、K，对家禽还有必需脂肪酸；属水溶性的有维生素 B 族和维生素 C 等。脂溶性维生素随脂肪的吸收在体内有某种程度的积蓄，而水溶性维生素除 B_{12}外都没有积蓄。如摄取过量则全部从尿中排泄，必须不断地按需要量供给，否则易发生缺乏症。在舍饲时，特别是笼饲鸡不考虑维生素的含量是不能配制饲料的。首先，从雏鸡开食至 2 周龄时间，为了增强雏鸡将来对疾病的抵抗力；增强对病原体(细菌、病毒)的免疫性以及对抗体的产生所必需而正处在成熟、分化时期的淋巴球的作用，应充分补给维生素。其次，在大、中雏进行鸡新城疫、鸡痘、传染性支气管炎、传染性鼻炎、传染性喉气管炎等疫苗的接种前后的 1 周时间，为了减轻疫苗接种的影响，进行维生素补给是必要的。第三，肉用仔鸡在高密度饲养下，并要求在短时期内快速生长，需要在第1、3、7周内进行3次共3周的维生素额外补给。第四，120日龄以后，生殖器官(卵巢、输卵管)急速发育，因而这以后的时期乃是决定母鸡产蛋能力的重要时期。为了迎接产蛋高峰的到来，120～270日龄间进行维生素补给是高产的关键。此外，夏季和冬季的维生素补给也很重要。

特别提示

家禽与家畜相比，消化道微生物少，大多数维生素在体内不能合成，有的虽能合成但其量远不能满足需要，故必须从饲料中摄取。而饲料中所含的维生素常被高温、光照、酸、碱、金属离子、药物、饲料加工与贮藏条件等所破坏，很容易因此而引起缺乏症；饲养中必须随时注意。

14 肉鸡需要哪些矿物质?

矿物质占家禽活重的3%～4%，主要存在于家禽的骨骼、组织和器官中。禽体内矿物质种类很多，性质差异也很大。它主要起着调节渗透压，保持酸碱平衡和促活酶系统等作用，又是骨骼、蛋壳、血红蛋白、甲状腺激素的重要成分。是保证家禽健康、雏禽生长和成禽产蛋的必需物质。

钙 雏禽缺钙易患软骨病，成禽缺钙时蛋壳变薄甚至无壳、产蛋减少。但食钙过多又会发生尿石尿，并影响雏鸡生长和锰、镁、锌的吸收，饲料采食量减少。育雏和育成阶段钙量不应超过0.8%～1.0%。钙在一般谷物、糠麸中含量很少，要注意补充。主要来源是矿物质、豆科牧草、肉骨粉、鱼粉、家禽副产品等。

磷 缺磷时，易发生骨软症，关节僵化，食欲不振，产蛋下降。但过多时又会造成骨组织营养不良，蛋壳质量变坏，破蛋增多。磷的主要来源是矿物质、糠麸、饼粕类和鱼粉。鸡对植酸磷利用能力低，其利用率，雏鸡大致为30%，成鸡为50%，而对无机磷的利用率为100%。因此，日粮中必须补充一部分无机磷。日粮中缺乏鱼粉时尤要注意补充。

食盐 食盐不足，鸡食欲及消化机能减退，生长缓慢，并容易出现啄癖，产蛋量下降。过多会引起中毒，饮水增加，水肿，站立无力，肌肉虚弱，痉挛，死亡。在一般情况下，鸡日粮中添加食盐量为0.37%，但应视所用鱼粉数量和鱼粉含盐量而定。

特别提示

动物所必需的矿物质元素至少也有15种之多，是新陈代谢必需的无机元素，仅限于已证实该元素在畜禽生理机能中不可替代的作用，若缺乏时会出现病理症状，13种元素为必需元素：钙、磷、钾、钠、氯、硫、镁，常以毫克或克为计量单位，微量元素的铁、碘、铜、锰、锌和钴，后又陆续加入钼、硒、铬。

15 肉鸡对水有哪些需求？

水是构成禽体和产品的主要成分，是各种营养素的溶剂。各种营养素的消化、吸收、运输，废物的排出，以及体温调节要靠水来完成。当饮水不足时，就会引起吸收不良，血液浓稠，体温上升，使生长受到影响。一般每昼夜的需水量，每只成年鸡为1千克，但家禽对水的需要受许多因素影响，其中温度的影响最大。当气温高于20℃时饮水量就开始增加，35℃时饮水量为20℃时的1.5倍，0~20℃时饮水量变化不大，0℃以下饮水量减少。采用混合干粉料或颗粒料时，幼雏和生长期的幼鸡采食1克饲料需饮水2~2.5毫升。根据饮水量的变化，可以观察到鸡群健康状况，比如，鸡患病或处于逆境时，往往在采食减少前1~2天饮水量就先减少。家禽饮用水的质量应该无污染，以人的日常饮用水标准为度。

特别提示

家禽对水的需要受温度影响最大。家禽饮用水的质量应与人的日常饮用水标准相一致。

16 肉鸡需要哪些能量饲料?

玉米 含有大量优质淀粉，热量高，适口性佳，易于消化。在玉米品种中以黄色的为佳。因为它含有维生素A、D与B_2，对防止雏鸡出现软脚病与增加鸡蛋的卵黄色素含量都有作用。

大米 含有优质淀粉，适口性好，易消化，适于肥育期使用。

小麦 营养价值高，适口性好，含蛋白质12%左右，其氨基酸组成比玉米、大米的蛋白质要好。缺点是缺乏维生素A、D，无机盐少，胶黏性大。

碎米 是碾米时出的碎米及胚芽，含有大量淀粉和较高的蛋白质，还有维生素E，适口性好，易于消化。是雏鸡和产蛋母鸡的好饲料。

高粱 主要成分是淀粉，可代替玉米，但由于外皮坚硬不易消化，因含丹宁酸而带涩味，适口性较差，不宜大量使用。

小米 粒小易于消化，适于饲喂雏鸡。成分与上述谷类料相似，但外皮稍硬，喂雏鸡时，最好先经水浸或煮熟，含有较优质蛋白质和维生素B族，并含有维生素A、D，无机盐少。

红薯干 含有大量优质淀粉，适用于育肥鸡。

南瓜 含有大量的优质淀粉和β-胡萝卜素，适口性好。风干后的南瓜，水分在11.2%时，其粗蛋白质为6.6%，粗脂肪

2.5%，可溶性无氮物74.6%，也可用作鸡的饲料代替部分主粮。常吃新鲜南瓜的鸡，食欲甚旺，毛色有光泽，很少患软脚病。

米糠 是碾米时出的米皮，它含有丰富的维生素B，含脂率在17%左右。因此，陈糠很易变质，过多使用往往引起下痢。米糠蛋白质含量12.1%，多含磷酸与镁，少钙，缺维生素A、D。

脱脂米糠(糠饼)虽然营养物质总量不多，但去脂后，其蛋白质比例高，因此提高了营养价值又较容易贮存。

小麦麸 含12%～13%的粗蛋白质，各种养分比较均匀，多含维生素B类，但易发酵变质。由于含有磷酸镁等，是一种轻泻剂。喂雏鸡易引起球虫病，据认为含有一种促进球虫繁殖的物质，所以在球虫病盛发的高温季节最好限制用量。

特别提示

能量饲料又称基础饲料。这类饲料无氮浸出物约60%～70%，粗蛋白低于15%，可消化蛋白8%～12%，粗纤维少。这类饲料常占鸡日粮中50%～70%，所以也称为基础饲料。

17 肉鸡需要哪些蛋白质饲料?

豆饼(粕) 是豆类蛋白质最好的一种，含粗蛋白质40%～46%，用前要粉碎或浸泡软化。

花生饼(粕) 榨油副产品，有压榨法与浸出法两种。压榨法的花生饼含油7%左右，浸出法的花生粕所剩油脂不过2%。含油多的不易保存，易变质，要经常晾晒。花生饼含粗蛋白质31.0%～56.4%，含有少量维生素B和E，但缺维生素A、D。

葵花籽饼(粕) 粗蛋白质含量可达40%以上，粗纤维、脂肪含量较低，易于消化。磷、钙含量较同类饲料高，维生素B族比豆饼丰富。

芝麻饼(粕) 粗蛋白质含量浸出法达45%～46%；压榨法一般为39.2%。蛋氨酸含量比豆饼高，但赖氨酸含量少。其烟酸与泛酸含量也较多。芝麻饼适口性不太好，但用作肥育鸡时，容易引起胶化体脂肪。

鱼粉 优质的鱼粉含有大量价值完全的蛋白质，一般含量达55%～62%。鱼粉不宜过多使用，特别是不适于用在肥育饲料中。鱼粉还含有15%～35%的无机盐，富含磷、钙、钠、氯，以及维生素A、D、B_{12}。

肉骨粉、血粉 经高温高压处理的肉骨粉(包括非传染病死畜肉骨粉)是良好的动物性蛋白质饲料，含有53%以上的优质蛋白质。

血粉是屠宰场中大量的处理物，经高温烘干、粉碎而成，含优质蛋白质达79%以上，是动物饲料中含蛋白质最高者，但血中含有大量铁质，喂量一般以不超过5%为宜。

饲料酵母及牧草类饲料 风干的酵母粉含水5%～7%，粗蛋白51%～55%，粗脂肪1.7%～2.7%，无氮物26%～34%，灰分8.2%～9.2%，由于含有大量维生素B、A、D、酶和激素等，因而还是一种保护性饲料。牧草类饲料包括各种牧草(苜蓿、三叶草、聚合草等)，蔬菜(青菜、胡萝卜、白菜、圆白菜等)，瓜类和树叶类(榆、刺槐树叶等)。

特别提示

凡饲料干物质中粗纤维含量低于18%，同时粗蛋白质含量在20%以上的豆类、饼粕类和动物性饲料等都属于蛋白质饲料。

18 肉鸡需要哪些矿物质饲料?

矿物质饲料包括骨粉、贝壳粉、蛋壳粉、磷酸氢钙、碳酸钙、脱氟磷矿石、食盐等。此外，根据鸡的需要将各种维生素、矿物质、促进生长药物、抗氧化剂和防治白痢、球虫病等药物按一定比例混合，添加于混合饲料中，常称添加剂。它能保证鸡的正常生长发育并获得最大的生产力。

19 如何配制肉鸡的日粮标准?

为了保证肉鸡的正常生长，充分发挥其生产能力，又不浪费饲料，必须对各种营养物质的需要量规定一个大致标准，以便实际饲养时有所遵循，就是人们常说的日粮标准。包括对鸡的生长发育、健康、生产和繁殖所必需的蛋白质(包括某些必需氨基酸)、能量、矿物质和维生素等；以每千克含量或百分比表示。

日粮配制的基本原理 配制的日粮是否符合鸡的生长发育和产蛋需要，通常以饲料转化率来衡量。所谓转化率就是每生产 1 千克蛋或每增加 1 千克体重所消耗的饲料量，产肉鸡称料肉比。表示式为：

$$饲料转化率(料肉比)=\frac{所食饲料量}{增体重或产蛋量}$$

提高饲料转化率的途径，一是各种养分之间要平衡，二是应有一定的含量。

能量与蛋白质的平衡 肉鸡摄取饲料主要是为了满足必要的能量。当能量得到满足时采食即停止。如果日粮中能量不足，则要分解蛋白质来满足对能量的需要，而造成蛋白质的浪费。但能量过高时，鸡采食量减少，又会造成蛋白质不足，影响生长。因此，饲料中蛋白质、维生素、矿物质等必需营养物质的含量，应与饲料中能量的比例适当才能达到耗料少、增重快、产蛋多的目的。

鸡的采食量除与饲料中代谢能有关外，舍内温度对能量需要的影响很大。在适温下变动最小，但在低温下能量需要明显增加，必须引起注意。

蛋白质与氨基酸的平衡　动物体细胞主要成分是蛋白质，鸡体蛋白是由饲料蛋白转化而来。所以，能否经济而有效地利用饲料蛋白质是养鸡成本高低的关键。氨基酸是构成蛋白质的基本单位。所谓饲料蛋白质的品质好，是指日粮中蛋白质含有鸡所需要的各种氨基酸，而且比例适当；品质差，则表明蛋白质中所含氨基酸不全面或比例不当。因此，蛋白质的生物价并不决定于蛋白质的含量多少，而决定于它的利用率高低。如果必需氨基酸摄取量不足，就难以发挥鸡的生产能力。

两种以上蛋白质混合使用，比各自单独饲喂的营养效果要好。这是由于天然蛋白质的各种氨基酸含量不平衡。几种饲料配合使用，可以取长补短达到平衡来提高利用率。

钙磷需要量及比例　配制日粮时，除应注意满足钙、磷的需要外，还要按饲养标准注意钙磷的适当比例。因为磷的吸收与钙在饲料中的存在量关系很大，如果日粮中钙磷比例不适当，或者呈结合状态，不易溶解，就会使吸收量降低而发生缺乏症。钙含量过多，既有害雏鸡生长，也影响磷、镁、锰、锌等元素的吸收。一般情况下钙磷比例，育种鸡和肉鸡以1.5:1为宜。

微量元素和维生素　在肉鸡饲养标准中所列维生素、微量元素的数字是需要量，在应用时应根据鸡群生态环境、饲养条件以及疾病等情况酌情增加安全用量。可把“标准”中所列维生素数值作为添加量，把饲料中的含量作为安全用量。对于微量元素，应根据各地区的具体情况和饲料来源酌定，但微量元素添加量不能超过标准，否则会引起中毒。

粗纤维含量限度　饲料中纤维过多，营养水平与鸡的生理特点便不相适应，影响其他营养成分的消化吸收，造成饲料浪费。纤维过少，肠蠕动不充分，鸡没有饱食感，易发生恶食癖等。鸡日粮中粗纤维含量应在2.5%～5%为宜。

动物性饲料与植物性饲料的平衡　配制家禽日粮时要注意动物性饲料与植物性饲料的搭配，以提高饲料利用效率。常用的动物性饲料有鱼粉、虾糠、血粉、蚕蛹等，也可将鲜鱼、虾、蚌肉、蚯蚓绞碎代替。动物性饲料的作用主要是平衡必需氨基酸，改变饲料中脂肪酸组成，影响饲料代谢能值和维生素的平衡以及对肠道内细菌群繁殖发生影响。而且，含有所谓未知生长因子。配制日粮时，鱼粉含2%～5%即可，最多不超过7%，其他动物性饲料也以不超过10%为宜。

日粮中的其他营养物质　水占鸡体的60%～70%，对消化、吸收、代谢、调节体温等均有重要的作用，所以要供给清洁适量的饮水。饮水量受气温、湿度、体重、产蛋率、饲料成分及限喂情况等因素的影响。

食盐能提供鸡正常生理功能所需的钠离子和氯离子。配制日粮时，应把鱼粉含盐量考虑进去，以防食盐过量，造成中毒。

图解配料法　此法又称四角法、方形法、对角线法或交叉法。这种方法是用来计算两种或两种以上饲料的比例的，简单易学，适用于饲料品种少、指标单一的配方设计。如果饲料品种多，营养指标多，则不宜用此方法。如用含粗蛋白质8.6%的玉米和含粗蛋白质47.2%的大豆粕相配合，设计一个含粗蛋白质18%的饲料配方，其步骤为：

①划个长方形，在中间写上所要配的饲料的粗蛋白质百分含量，并与四角连线。

②在长方形的左上角和左下角分别写上所用原料玉米、大豆的粗蛋白质百分含量8.6和47.2。

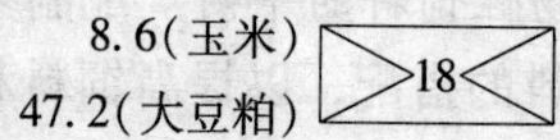

③沿两条对角线用大数减小数，把结果写在相应的右上角及右下角，所得结果便是大豆粕和玉米的配合份数。

8.6(玉米)　　18　　(47.2－18)＝29.2(玉米份数)

47.2(大豆粕)　　　　(18－8.6)＝9.4(大豆粕份数)

④把两者份数相加之和作为配合后的总份数，以此作除数，分别求出两者的百分数，即为它们的配合率。

用24%的大豆粕和76%的玉米，就可配成含粗蛋白质18%的饲料，如下式所示。

$$\frac{29.2}{38.6}=76\%\text{（玉米）}$$

8.6(玉米)　　18　　29.2 + 9.4 ＝38.6

47.2(大豆粕)

$$\frac{9.4}{38.6}=24\%\text{（豆粕）}$$

如需要用多种饲料原料配制固定的两种主要成分的含量，可以用3个正方形来达到目的。例如要用玉米、麸皮、豆饼加鱼粉来配制成代谢能为11.51兆焦每千克，粗蛋白质含量为15%的饲料。上述4种原料的代谢能分别为14.06、6.57、11.05和12.13兆焦每千克，粗蛋白质含量分别为8.6%、14.4%、43%和62%。计算的步骤是：

第1步，将原料两两结合，配成代谢能为11.51兆焦每千克，而粗蛋白质含量分别高于和低于15%的两种混合物。计算过程如下：

混合物Ⅰ：含代谢能11.51兆焦/千克，粗蛋白质含量低于15%。

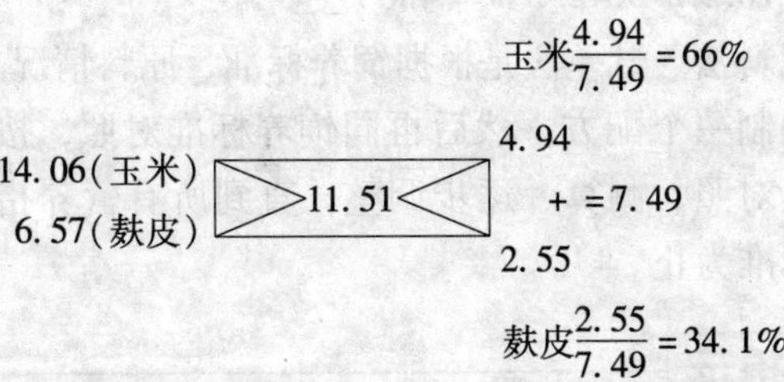

粗蛋白质含量 =8.6% ×66% +14.4% ×34.1% =10.6%

混合物Ⅱ：含代谢能11.51兆焦每千克，粗蛋白质高于15%。

鱼粉$\frac{0.46}{1.08}=42.6\%$

12.13(鱼粉) 11.51 0.46

11.05(豆饼) + =1.08 0.62

豆饼$\frac{0.62}{1.08}=57.4\%$

粗蛋白质含量 =62% ×42.6% +43% ×57.4% =51.1%

第2步，用两种混合物配制粗蛋白质含量为15%的饲料(代谢能已由第1步固定为11.51兆焦每千克)。

混合物Ⅰ$\frac{36.1}{40.5}=89.1\%$

10.6(混合物Ⅰ) 15.0 36.1

51.1(混合物Ⅱ) + =40.5 4.4

混合物Ⅱ$\frac{4.4}{40.5}=10.9\%$

第3步，计算配成的饲料中各原料实占的比例。

玉米：89.1% ×66% =58.8%

麸皮：89.1% ×34.1% =30.4%

豆饼：10.9% ×57.4% =6.2%

鱼粉：10.9% ×42.3% =4.6%

试差配料法 试差法是根据饲养标准、原料情况及实践经验，先粗略地编制一个配方，然后再同饲养标准对照，按多减少增的原则，反复对照、测算、逐步调整，直到所有营养指标都符合或接近饲养标准为止。

特别提示

饲养标准中列出的营养指标很多，在配制日粮时，最少应满足代谢能、粗蛋白、蛋白能量比、钙、磷、食盐、蛋氨酸或蛋氨酸加胱氨酸、赖氨酸、色氨酸等的规定指标。

20 如何配制饲料？（视频 4）

通常颗粒较大的谷粒、皮壳坚实的籽实类、饼粕类和干草、干叶等直接用于喂鸡不利于消化吸收，应粉碎或磨碎后使用，但不能粉碎或磨碎过细。

豆类、薯类、谷实类经煮熟后，可增加适口性，易于消化，并能杀死有害病菌。但饲料蒸煮时间过长会使蛋白质凝固不易消化，维生素受破坏，反而降低了营养价值。所以，是否蒸煮要看具体情况而定。

棉籽饼可在盖上密闭锅盖的锅内蒸煮至棉籽饼变为棕红色，挤去水分，而达到去毒的目的。菜籽饼可通过焙炒，黑芥素和白芥素被破坏，从而提高了菜籽饼的香味和饲用价值。

谷实类饲料或颗粒配合料在 160 ~ 187℃的高温空气中加热1 ~ 2 分钟，让谷物内部水分加热到蒸发点，使谷物饲料膨胀，体积比原来增大 30% ~40%，然后压碎喂鸡。膨化饲料饲喂雏鸡可提高饲料利用率。

谷实饲料浸泡一夜后，在温度 20 ~ 27℃，光线较暗的地方发芽，可使淀粉糖化，蛋白质和可溶性 B 族维生素含量增加，适口性改善。冬季加喂发芽的大麦，可提高家禽产蛋率 10% ~12%。青菜、块根、块茎和瓜类饲料，喂前应切碎，便于家禽采食和消化。

特别提示

饲料经过加工调制以后，能够更加方便鸡的采食，提高营养价值；提高风味和适口性，降低成本。

21 如何贮藏饲料?

降低含水量 含水量越大、贮藏环境温度越高，籽实类细胞呼吸作用越旺盛，养分分解越快，潜藏在饲料中的微生物繁殖越快，对饲料的破坏也越严重。油饼类饲料虽然无呼吸作用，但在高温高湿环境中同样会发霉变质。实践证明，含水量在 12% 以下时，在干燥处贮藏时间较长。

用抗氧化剂 饲料含脂肪越多，越容易氧化变质，脂溶性维生素随之被破坏。因此在贮藏时要用抗氧化剂，还要把饲料贮存于低温低湿的环境中。

使用防霉剂 发霉饲料不仅营养价值和适口性都差，且会引起雏鸡患曲霉菌病。花生饼易产生黄曲霉素，危及家禽和人类健康。使用防霉剂丙酸钙(或钠)对防止饲料发霉有良好效果。

防止虫害 甲虫和蛾类，不仅吞吃饲料，还会导致饲料发霉。防治办法是使用除虫剂，如用 PGP 剂(以除虫菊为主要成分加入增效醚)0.2% 粉剂原形混入谷类中，或把乳化原液稀释20 ~40 倍喷雾施用。溴甲烷也是广泛应用的防虫剂，使用方法是仓库内容积 1 立方米用药 10.5 克。

特别提示

饲料宜在低温低湿条件下贮藏。发霉饲料不宜食用。应将饲料存放在硬化条件较好的仓库内，防止鼠害。

肉 鸡 的 孵 化

孵化是鸡繁殖后代的方式之一，可扩大饲养量并获得高产。要搞好孵化，选择优良品种是关键。另外，还要创建科学的孵化条件来满足鸡胚发育要求，这些条件包括：温度、湿度、通风、翻蛋、晾蛋等。其中，温度起着核心作用。因此，养鸡专业户应掌握看胎施温的技术。看胎施温是根据胚胎发育情况，揭示胚胎发育成禽全过程的逐日形态长相。

鸡的人工孵化包括民间人工孵化和机械孵化两种方法。机械孵化因具有管理方便、易于操作等优点而逐渐在全国推广。

22 如何挑选种蛋？（视频5）

种蛋要求新鲜，有光泽，春秋季可用2周以内的种蛋，冬天和夏季只能用1周内的种蛋，时间过长受精胚盘容易衰老或冻死。

种蛋外形要求椭圆状，不能过圆或过长，过大或过小。轻型号蛋重为40~60克，中型号蛋重50~70克。蛋壳表面的钙质厚薄均匀，没有皱纹和裂痕，无沙皮、沙顶、腰鼓和其他畸形。种蛋内部质量可用灯光检查蛋的大端气室大小，正常气室直径约有15毫米。检查发现蛋黄来回漂动或散黄，证明固定卵黄的系带断裂或蛋白变稀，不宜作种蛋。

特别提示

种蛋表面不能玷污粪便或其他脏物，被玷污后细菌能大量繁殖，降低种蛋质量，所以发现种蛋被玷污，应立即用湿软布轻轻擦净，切勿用水长时间的泡洗。经擦洗过的种蛋应提前入孵，不能久存。

23 如何贮存种蛋？（视频 6）

温度要保证 产出后在适宜的温度下胚胎继续发育。随着温度降低，胚胎发育变慢。一定时间内，适当低温既可保持胚胎的活力，又能较长时间的贮存，并延长种蛋采集时间，使种蛋量满足大批量育雏的要求。

种蛋贮存温度以 10～18℃为宜。若贮存时间较短，温度宜稍高；贮存时间较长，温度要偏低。选定好某一温度以后，要保持恒定，避免温度上下波动。

湿度要调节 贮存期间蛋内水分通过蛋壳不断蒸发。蒸发速度受蛋周围环境的相对湿度影响，相对湿度低蒸发快，失水过多，气室变大；贮存过程中要尽量减少蛋内水分的蒸发，应随贮蛋时间长短和季节情况来控制湿度。贮蛋室内相对湿度要控制在75%～80%，并加强消毒灭菌，保证种蛋和器具不发生霉菌。

位置要适当 每日采集种蛋数量少，而批次供雏量大，种蛋要作长时间贮存时，种蛋应小头向上。贮存期短不用翻蛋，长时间贮存种蛋，胚胎容易和蛋壳发生粘连。超过 1 周，应小头向上。

特别提示

种蛋贮存温度以10~18℃为宜。贮蛋室内相对湿度要控制在75%~80%。长时间贮存种蛋应小头向上。

24 如何给种蛋消毒？（视频7）

按每立方米体积用15克高锰酸钾和30毫升的福尔马林混合，先将高锰酸钾倒入一定容积的陶瓷器皿内，然后再迅速倒入福尔马林液。室温保持30℃左右，将门关闭好。由于产生大量的甲醛气体，杀死蛋壳表面的病毒、霉菌，经30分钟熏蒸后，打开门窗或开动排风扇，将余气排尽。利用消毒药液浸泡种蛋杀死蛋壳表面细菌。常用的消毒药液浸泡法如下：

第一种：0.03%~0.05%高锰酸钾溶液置于大盆内，维持水温40℃左右，种蛋放入浸泡1~3分种，然后取出滤尽余水入孵。

第二种：0.1%的碘溶液浸泡种蛋半分钟，可杀死蛋壳表面的杂菌和白痢杆菌。

第三种：10%福尔马林水溶液浸泡种蛋半分钟或直接喷洒，消毒效果好。

第四种：0.01%新洁尔灭溶液（即5%的溶液再加水50倍稀释），该药液可直接喷洒蛋壳表面，或者将溶液浸泡种蛋3分钟后取出。

特别提示

种蛋消毒至关重要。可按每立方米体积用15克高锰酸钾和30毫升的福尔马林对种蛋进行混合消毒。

25 如何满足鸡的孵化条件?

温度 是鸡胚发育的首要条件，发育中的鸡胚对环境温度最为敏感。孵化机类型不同孵化温度不同。立体孵化机以37.8～38℃为宜，平面孵化机约高0.25℃。胚龄不同孵化温度不同，种蛋入孵第4天每个鸡胚产热1.63焦耳，19胚龄高达376.2焦耳。随胚胎发育蛋温逐渐升高，10、15、20和21胚龄依次比孵化机温度高0.4℃、1.3℃、1.9℃和3.3℃。由于孵化前期胚胎产热少，此时稍高而平稳的温度37.8～38.0℃可增强糖代谢，促进胚胎的萌动发育，若此时孵化温度过高，尤其在2～3胚龄，易使心搏紧张，血管过劳导致血管破裂，形成“血圈蛋”的死胚。后期胚胎的产热量大，应将温度降至37.0～37.5℃为宜。禽蛋类型不同孵化温度不同。因为肉用型和兼用型胚胎发育较慢，种蛋的孵化期比蛋用型长几个小时，故孵化温度应比蛋用型稍高一些。入孵方式不同，用温制度不同。整批入孵时，应采用变温孵化1～11、12～18和19～21胚龄，适宜的孵化温度依次为37.8℃、37.6℃和37.0～37.5℃。分批入孵，即一个孵化机内有不同胚龄种蛋时，宜采用恒温孵化。1～18和19～21胚龄时的温度分别为37.8℃和37.0～37.5℃。季节不同孵化温度不同。据江苏家禽所资料，采用立体孵化机的给温标准如表5-1。

表5-1 孵化室温度与孵化机调温

室温(℃)	12.8	13.8	23.9	29.5	32.2
机温(℃)	38.9	38.5	38.3	38.05	37.5

定温要准确，在孵化前应校正所用温度计，合格者方可使用。

湿度 孵化时，掌握湿度应考虑以下各点：胚龄不同，所需湿度不同。1～16胚龄湿度保持在55%～65%，16～18胚龄为促进尿囊液的排出和蛋白的吸收，湿度降至50%～55%为宜，19～21胚龄因将机内湿度提高到65%～70%。在胚胎大批啄壳和出雏高峰期，机内湿度自动上升到75%以上属正常。孵化室内湿度大小对机内湿度有直接影响，一般应保持在50%以上。在西北干旱地区孵化时，尤应注意湿度的供给。湿度大小不仅影响胚胎物质代谢，也影响雏鸡羽毛生长，孵化湿度小时，孵出的小鸡绒毛短、体重小。提高机内湿度，可在不影响温度和通风的前提下，适当缩小排气口或降低风机速度；采用滴注法加湿，即在孵化机内壁挂一麻袋，在孵化机顶放一水桶，桶内细胶管不断往麻袋上注水，通过调节水滴数量，可控制机内湿度；在机外进气口处，放一电热壶，不断向机内输入热蒸汽。

通风 在胚胎发育过程中，要不断吸入氧气排出二氧化碳。入孵的1～4天胚胎需氧量少，4天后逐渐增加。孵化室的高度直接影响通风。现代化鸡场孵化厅的高度应有3.5米以上，或是孵化机顶部与屋顶至少应有1米的距离。空气要新鲜，室内空气不能循环使用，孵化室最好设新鲜空气通道或入口，设废气排出道。海拔高度对孵化率有影响。通风、温度、湿度之间互有影响，应注意三者之间的配合。随胚龄逐渐增加通风量，1～4日、5～11日和12～21日胚龄时依次打开进排气孔的1/3、2/3和全开。

翻蛋 翻蛋的作用过去解释为可使种蛋改变位置受温均匀，防止胚胎与壳膜粘连，促进胚胎运动，保证胎位正常。另有报道指出，翻蛋对胚胎的发育和生理学作用，是保持胚外囊(尿囊，羊膜囊，蛋白囊和卵黄囊)的正常方位和胚胎的水平衡，有利于胚外囊的生长和胚胎营养的吸收。不翻蛋，限制了胚胎吸收并阻碍生长。孵化3～7天是翻蛋的关键时刻。翻蛋是胚胎正常发育不可缺少的条件之一。孵化期一般每2小时翻蛋1次，从入孵开始至落盘停止。目前大型孵化机，均有自动转蛋装置，每次使蛋转动45°。采用我国人工孵化法孵种蛋时，炕孵是通过上下、前后调盘结构翻蛋来达到均温和翻蛋的目的，一般每天翻蛋4或6次。平箱孵化时，翻蛋是结合调筛进行，当入孵温度正常后，每隔半小时转筛1次(180°)，每隔1小时调筛1次，每隔6小时翻蛋1次。总之，翻蛋时间和次数，主要根据温度来决定，原则是温度超过标准、各点种蛋温度差别大时就应进行翻蛋。把高温和低温位置上的种蛋进行对调，一方面使各个种蛋受温均匀，又能达到翻蛋的目的。

晾蛋 晾蛋具有积极的生理作用。晾蛋适当降低了孵化机内的温度，可达到彻底通风换气，促进胚胎活动和散热，增强胚胎抗寒和生活力的目的。一般地区在种蛋入孵后的第5天开始每天早晚晾蛋各1次。晾蛋时间一般为半小时，胚胎发育好时，晾蛋时间长达1小时才能将蛋温降下来。

特别提示

上述孵化的5个条件是相互联系、相互制约的。生产中孵化效果还受种蛋的大小、蛋形、母鸡的年龄等因素的影响，因此，要兼顾到各个因素，以提高孵化效果。

26 看胎施温要掌握哪些关键技术？(视频8)

测温方法要得当 看胎施温既要掌握孵化器内温度，更要测准胚胎蛋温，可用孵化温度计测温，或用眼皮接触胚蛋面测温。

用温度计测温 最好有专用测温仪，一般用孵化温度计，刻度为35～43.3℃。把温度计放在孵化器上下左右各个位置，以测定孵化器内是否恒温，从中找到规律性或代表性温度。

眼皮接触胚蛋面测温 眼皮的神经分布较多，故感温较灵敏，加之正常人体温与孵化温度接近，因而测温如感到蛋凉即表明蛋温低，烫眼皮，则表明是温度高。常分5级：有点烫眼皮，约39.4℃；烫眼皮感觉稍弱，约38.9℃；感有热不烫眼皮38.3℃；感有热但热度稍低，约37.8℃；感有热但温度平和，约37.2℃。

掌握照蛋技术 照蛋的目的是观察胚胎发育是否正常，判断施温程序好否，照出受精蛋、无精蛋、死胚蛋，剔除裂纹蛋和破蛋。

一照 种蛋在孵化后5天，发育正常的胚胎此时可看到明显黑色的眼点，胚胎占满整个蛋的4/5，俗称“起珠”、“单珠”、“起眼”，若5天整可见到些羊水，若4天的长相呈“小蜘蛛”，说明胚胎发育迟1天，就迅速提高孵化温度0.2℃左右；如果照蛋看到是两个小圆团称“双珠”，可看到羊水，说明发育过快，应马上降低温度0.2℃左右；胚胎发育过慢或过快，均说明前期施温不十分准确，应立即调准。

二照 鸡蛋在入孵后的10~11天，可结合二照进行检查看蛋，此期发育正常者，两侧的尿囊血管继续伸展，在蛋小头合拢，整个蛋除气室外都布满血管，称“合拢”、“长足”。如果照蛋还有“白空”的存在，即无血管区，说明温度偏低、胚胎发育缓慢，应提高孵化温度0.15~0.2℃；如照蛋已“合拢”，血管颜色深红，说明发育略快，可适当降低温度0.1~0.15℃。

三照 鸡蛋入孵17天进行三照蛋。此时以小头对准光源，看不到发亮的部分，称为“关门”、“封门”。如果看到小头还有“红空”，即发亮的地方，这是发育慢的特征，应提高温度0.1℃左右；如果看到小头无“红空”，气室向一方倾斜，说明发育快1天，应适当降低温度1.1℃左右。若气室很小，说明孵化中湿度太大；若气室很大，超过1/3或2/5，说明湿度太小，蛋内水分蒸发过多。如死胚则血管模糊，气室浑浊，界线不清，蛋发凉。

掌握施温技术 在入孵的头两批，应靠看胎来掌握准确的孵化用温。在室温变化较大的情况下应进行看胎。在正常的孵化中，遇到突然事故如停电、孵化器出故障或其他意想不到的情况，停机时间较长，此特殊情况应进行看胎。胚胎发育的快慢略有差异，实践中是以75%胚蛋的整体情况为依据进行判断的，如果70%以上发育较快，30%以下发育正常，在此情况下，就应按发育较快来解决有关问题。

特别提示

根据禽胚发育标准图样与照蛋所观察到实际图样相对比，适当调整孵化温度，使胚胎正常发育，是看胎施温的关键。掌握准实际逐日长相，灵活调整温度、湿度、通风、晾蛋、翻蛋等，发挥人的主观积极性，即可提高孵化效果。

27 如何利用火炕孵化雏鸡？

火炕是孵化供温的设备，结构与一般火炕相仿，建筑时应注意以下要求：选定符合孵化室的房子后，在室内选一面后墙，在后墙距地面43厘米高处挖1个洞口，高20厘米，宽17厘米，作为烟洞口。炕长2.65米，宽1.65米。与炕后墙连接，这样就形成了长方形的炕基。在炕后墙的正中，同烟道口连接处作一横口，装上铁皮插板，作为炕的烟洞开关以便放烟，调节温度。炕洞门应选择在正前方，高22厘米，宽16厘米。在炕洞门的内部做1个生火窝。从炕洞内部算起，宽77厘米的横墙上面留吸火道，两边各留1个宽7厘米的吸火道。在长43厘米的两个纵墙上面，靠墙洞的前方各留1个宽20厘米的吸火道。在纵墙内边，各留1个宽10厘米的吸火道。炕角是否热，就决定这几个吸火道的大小调整。炕基及生火窝作好后，将晒干的粗河沙或粗炉渣铺上，炕后面垫厚些，前面垫薄些，炕面靠炕洞门生火的地方一定要厚些，这样才能使炕面温度均匀。填好河沙后，炕中间装置5行梅花形的砖脚，高为2个砖。这样一方面可将炕内分为6条普通直达烟洞，另一方面可作为炕面的支架。炕内填河沙的坡度差距为10厘米，用泥抹平，泥皮的薄厚为前面10厘米左右、后面4厘米左右，这样炕高应为67厘米，然后在炕3边加高6厘米作为炕沿。烟囱地基在后墙外挖1个深坑，上面大，下面小，俗称狗窝。狗窝的作用是利用烟囱很好的吸烟。然后上面砌宽47厘米、长33厘米的烟囱直超过房顶，这样火炕就完工了。在炕面上铺个竹席，等候上蛋孵化。

摊床栅结构与用具 摊床是孵化后期出鸡放蛋的架栅。摊床可因地制宜地根据不同条件架设，一般的如果孵化室宽大，就需要木椽作柱子，孵化室面积小，可以在孵化室两侧墙上挖眼木椽担上，在其上钉上木板或竹笆，边缘钉上5厘米高的床沿，上面铺一层3厘米厚的麦草和席子。

孵化用具包括木制蛋盘、棉被、夹被、单子、保温袋、温度计、火炉等。蛋盘是用厚5厘米、高4厘米的木板条，做成长70厘米、宽37厘米的长方形方框，在盘底高6厘米处开一平行小槽。在小槽中每1.5厘米钻1个小孔，穿上麻绳，织成绳网，在盘的上面四角钉上1.5厘米厚的三角形小木板，三角形角度为5厘米。三角形板主要作用是提高盘之间距离，便于倒盘翻盘。孵化室要备棉、夹、单3种被子，被子在炕栅上作为保温工具。保温袋是栅上用于保温和围蛋用，其长等于栅的半围为宜，用宽20厘米的白布缝成长袋，袋内装棉花或麸皮、锯末等保温物。孵化室内在不妨碍工作的地方安放火炉，烟筒不能漏烟。干湿温度计2支，有专用孵化温度计更好，温度计挂在温度相对稳定的地方。不论干湿、棒式或其他温度计买回来在使用前要进行试验检查，发现误差大的不能使用，尤其对刚学孵化技术、用眼皮试蛋温还不能掌握的人，依赖温度计可能要出故障。

为了通风调节温度，孵化室对面墙上安装宽36厘米、高33厘米的小窗。孵化室的门窗都要能关开，以便调温和保温。准备好手电、电灯的照蛋器。要有钟表，以便正确按照操作规程进行工作。准备好竹筐、木箱，为出鸡时移置雏鸡。做好操作记录表，以便检查生产成效。

准备要充分 新盘的炕要烧干，等干后测试炕温和室温，直至炕、室温度适合孵化要求才能上蛋。炕面温度要达到45~50℃，室温达到27℃左右，炕温超过55℃就要降炕温，降炕温的办法主要是减少烧柴量，加厚炕面麦草或蛋盘下面放空盘的办法解决。湿度为60%左右，增加湿度的办法是洒水。木柴烧炕每天烧两次，每天早晨7点、晚上7点为烧炕时间，上蛋前每次烧炕用2~2.5千克，早春用的多些，夏季用的少。可根据每天炕温活动情况随时增减用柴量。种蛋来自纯繁和健康鸡群，存放时间不超过1周。入孵前经过消毒的蛋整齐排列在蛋盘内，然后放在孵化室，预热6~8小时，再上炕入孵。对于破蛋、砂皮蛋、钢皮蛋、畸形蛋、过大过小蛋等不合乎种蛋要求的应全部捡除。

炕孵管理要细致

上蛋 上蛋时每3盘为1组，各盘装80~100个蛋，每次上6组为宜，蛋少时按盘数编组也行，然后盖好被子。

倒盘 为了每盘每个蛋受温均匀，一般每小时根据温度上升情况倒盘2~3次，其方法是将每组中间一盘调到下面，下面的一盘调到上面，上面的一盘调到中间。每次按组顺序调盘。同时要变动每组在炕面的位置，每次调盘时要将盘调一下头，这样就能保持温度平衡。

翻蛋 为防止蛋卵黄壳膜粘连，每天要翻蛋4次，6小时翻1次。方法是先将蛋盘边缘各取一部分，留下空间，把盘内的蛋翻转180度，把中间的蛋移至边上，将先取出边上的蛋再放入盘中间。

检蛋 检蛋一般进行3次，第1次在上蛋的6~7天进行，主要是取出死胚、破蛋、无精蛋；第2次在上蛋后14天进行，主要取出死胚、弱精蛋；第3次在上蛋后18天进行(蛋已收栅)，主要检查胚胎发育是否停止，中途死亡的蛋拣出。检查是根据21天孵化过程中的变化而定的，根据21天的发育情况孵化人员要掌握看胎施温的方法。

晾蛋　晾蛋从孵化开始第7天起到第18天为止。晾蛋的方法是：将蛋盘摆开，孵化室温度一般不低于26℃的情况下，每次大约晾20~30分钟，按室温而定。蛋渐低于36℃为宜。每天晾蛋2~3次。

移蛋　移蛋是在停止翻蛋(第18天)在摊床(木栅)上进行的一项工作，它的目的在于调节蛋温均匀，不变方向而又调节温度。方法是将边上的蛋移到中间，把中间的蛋移到边上，使整个的蛋温均匀。通风换气在孵化室中排出二氧化碳气，换上新鲜空气，是促进胚胎发育的一项重要措施。这一项工作一般是在室温高的情况下进行的，若气候正常，可多次进行，通风时间可以较长；若气候恶劣，应减少通风次数，缩短时间并作好记录，计算每批的孵化率。

特别提示

孵化室无特殊要求，只要避风、向阳、干燥、易于保温的房子有两间即可。内室盘炕作孵化室，外室调节温度并供孵化人员休息。孵化室应有顶棚，门窗要严密，不得有过堂风，如无专门的孵化室，普通的房子经改造后也行；若无两间的条件，一间也可以，但一定要严密，门窗需挂棉门帘。

28 如何利用温水缸孵鸡？

缸盆的大小要根据孵化数量而定，但缸盆要合套，口径一致。盆放在缸口时，盆与缸口之间要很好吻合。先在放缸的地面上铺垫一层6~10厘米的干稻草(如用麦秆、芒萁或木屑亦可)。然后把孵化缸排成行，行距50厘米左右，缸与缸之间及缸和墙壁间用稻草塞严。行间的草面上放置木板，便以检温、翻蛋等操作。如果是单缸，可用棉被包裹保温，或把缸放进箩筐塞严稻草即可。放蛋前1~2天，缸内水温要求在60~70℃，盆温要达40℃左右；室温达18℃左右，相对湿度要在60%左右。缸内温水最好不接触到盆底。入孵蛋要求在1周内的新鲜蛋，最多不超过10天。入孵前种蛋要经过消毒。

盆内先垫上棉花或2~4层棉织物，然后将消毒好的种蛋小头向下摆放，一般可摆放2~6层。在盆底插入和蛋上面平置温度计各1支，然后覆上棉被保温。一般盛一担水的缸，可孵150~200枚蛋。盛两担水的缸，可孵250~300个蛋；3担水或口径更大的可孵蛋400个以上。入孵数小时后，盆内温度慢慢上升，当底层蛋温上升到40℃时，应及时翻蛋。经过几次翻蛋(约需6~12小时)使蛋温均匀以后，便可定时检温与翻蛋。一般每隔2~4小时观察1次温度，4~6小时翻1次蛋。

利用向缸内加入冷、热水，适时翻收或增减覆盖物等方法来调节盆温和蛋温。盆内蛋温1~6天为39~40℃，7~8天为38~39℃，9~12天为38℃较宜。当蛋孵至12天时，胚蛋的自温显著增高，即可移至摊床继续孵化，称为上摊。上摊前，蛋温应增至39℃左右，以免上摊后温度下降过大。在摊上主要用增减棉被以及翻蛋等方法来调节蛋温。摊上自温鸡蛋37~38℃，在正常情况下，入孵21天雏鸡便自行脱壳而出。出雏时蛋温应保持在38~39℃为宜。

特别提示

用来孵化小鸡的房屋，要选择有顶栅和保温性较好的内外间。室温一般应保持18℃以上，才能确保孵化率的提高。冬季和初春如室温过低，可生炭火保温。

29 如何运用温水袋孵鸡?

用纸箱、木箱等做孵化箱，箱底填保温物，上面放一个温水袋，袋上铺上一张宽于孵化箱的薄膜，再在上面放一层纱布即成。如果加大孵化量，可用砖砌孵化床，多放几个温水袋。塑料袋四周用棉花及软布塞严保温，接着往袋内注入41~42℃温水，使袋中水温达到39.5~41℃为宜，切勿超过41℃(袋中水温始终保持比蛋温高0.5~1℃)，使热水袋鼓起12厘米高，就可把消毒过的种蛋放置在温水袋上面，在蛋上面分别置放及插上温度计。然后用棉被把种蛋盖严。控温只调节袋内水温，袋中水温低于38℃时就要换水加温。加温时将袋中放出部分水，再加进部分热水，使袋中水温在40℃左右即可。

入孵后的管理，基本上和温水缸孵鸡相同。温水袋孵鸡不需晾蛋，后期种蛋自身多余的热量，可由水袋中的水吸收去，不会出现高温烧胚现象。当孵到16天以上则不需翻蛋，但每隔4小时就要煽动一下被子使通风透气，更换空气，以利出雏。

特别提示

温水袋孵鸡的原理和方法基本上和温水缸差不多，即用不透水、不透气的塑料袋盛装温水。种蛋的温度主要靠往水袋里注进冷、热水来调节，但塑料袋保温性能较好，整个孵化期间只注入1~2次热水即可。

30 机械孵化法要掌握哪些关键?(视频9)

选定孵化机后，开机检查其各项性能是否正常，并掌握各部件的性能和操作要求，然后进行消毒、试温。

上蛋 将消毒后的种蛋装入机内蛋盘，摆蛋时要求蛋的大头朝上，小头朝下，取放自如。入孵以下午4~5时为好，这样可使出雏安排在白天。入孵后在盘上贴上标签，作好记录。

温控 分批入孵采用恒温孵化。1~18天内保持37.8℃；19~21天出雏室温度保持37~37.5℃，孵化室内温度为21~23℃。如果一机一批入孵，采用变温孵化；1~7天定为38.9~39.4℃；8~18天为37.8~38.3℃；19~21天为37.2~37.5℃。孵化员要每隔半小时察温1次，2小时作1次温度记录。控温仪表调整好后，切勿随意乱动，保证孵温相对稳定。

保湿 湿度大小由机器内的水分蒸发器或水盘面大小来控制。要求孵化器内保持相对湿度50%~55%，出雏器为65%~70%，孵化室内为55%~70%，湿度与温度相比，湿度的要求不是那么严格。但每隔2小时观察一次并作记录，每天在晾蛋期间添一次洁净水，保证水分正常蒸发。

翻蛋 翻蛋是促使胚胎活动的方式，也能避免胚盘与壳内膜的粘连。每2小时缓慢摇动蜗杆，蛋架向前或向后倾斜45°角，切勿摇动过快，防止蛋架大翻转，当操作时听到异常声响要立即停止，进行检查。

通风 通风是使机器内的空气对流，向机内提供新鲜空气，排出代谢后的二氧化碳气和其他污浊气体。通风对孵化后期尤为重要，需要加大通气量。出雏盛期在维持机内正常的温度和湿度基础上，尽可能加大通气量，防止胚胎后期自然超温，导致烧死或闷死活胚蛋。

晾蛋 晾蛋能起到扩散余热，刺激胚胎发育作用。早春当孵化器装满孵蛋后，可以开始晾蛋，每天上午12点和下午3点各晾1次。晾蛋时先关闭热源，打开机门晾蛋20分钟左右，夏季可适当延长晾蛋时间，使孵蛋表面温度降到32℃左右，或把蛋放眼皮下感到温和无热感。晾后关紧机门，恢复正常孵化。

验蛋 在孵化过程中验蛋是检查胚胎是否正常发育的方法，

通过灯光验蛋排出胚蛋中的无精蛋、死胚蛋，同时查看胚胎发育情况，但于调整孵化条件，挑拣出的蛋要做好记录以便计算成绩。

落盘 种蛋入孵19天后，好胚蛋要快速转入出雏盘，放入出雏器孵化至出雏结束，以后停止翻蛋，降低孵温（保持在37.4℃左右），增大湿度。落盘转蛋操作要求稳、快、不受凉。

出雏 出雏是胚胎发育结束的标志，鸡胚开始用肺进行气体代谢，耗氧量猛增。此时需要提供一个闷热而氧气充足的环境才有利于加速出雏。出雏高峰时既要防止升温和氧气供应不足而窒息；又要防止长时间受凉，鸡胚吸入冷空气，失去出壳时机而蜷窝死于壳内。这两个极端都可成为后期死胎蛋增加的原因。

拾雏要在出雏高峰后进行，约出雏数达50%～60%时快速进行1次拾雏和拾蛋壳。出雏即将结束时再拾1次。拾雏前室内温度应提高到28℃左右。

助产 一般轻型蛋鸡不需要助产，而兼用型和肉用型鸡的胚胎，特别在出雏后期，已经破壳而出壳有困难的应该及时进行人工助产。助产时不能粗心大意，因为这时稍不留心，血管被撕断，胚胎流血，会造成死亡或残雏。如破壳已过1/3，但绒毛发黄，毛梢发焦，有的白膜干瘪，包住胚胎，这时也要进行人工助产。助产时要轻轻剥离，注意血管，遇过干时，可用温水湿润后再行剥离。一旦胚胎头颈露出，估计可自行挣脱出壳时，手术即应停止，让其自行脱壳而出。

消毒 孵完一批小鸡之后，孵化器必须清扫干净。先把保护网、出雏盘、出雏盘架、水盘撤出。用鸡毛掸把机内的六壁、孵盘架两端及机门的绒毛掸出。再用蘸有消毒水的抹布揩干净。撤出的各种用具要用消毒水洗刷，经暴晒后，再放回原处。消毒液可用2%～3%的克辽林或来苏儿。

防止停电 使用电孵机时，因检修线路或其他故障而发生停电，应根据停电的时间长短，采取如下措施：若事先知道停电，把室温升到26.6℃。停电后立即关闭所有电源开关与电闸，夜间点灯或蜡烛照明。停电后将上下通气孔全部打开散出余热，使风扇停转，空气不流动，机上层蕴积高热，造成胚胎死亡。至孵化温度下降至32.2℃，可关闭下部及中部气门。每隔15～30分钟翻蛋1次。余热散出后，取孵化胎龄最大一批蛋，放眼皮上试温4～6枚，感到微温热即达37℃时，可关上机门。过半小时再复查1次，如蛋温回升，蛋在眼皮上感到烫时，仍将机门打开散热。如暖季停电在1～2小时内，只要适当散热，防积郁热。长时间停电，要保温，如室温在18℃以下要生火炉加暖室内，使室温保持25℃以上。孵化中、后期在20℃中，10～15小时无事。

特别提示

机械孵化管理方便，温度易控制，破损率低，劳动强度小，便于消毒，有电源的地方都可以采用。

肉鸡育雏

0～6 周龄的鸡称雏鸡，雏鸡处于保温养育阶段称为育雏阶段（育雏期），育雏是一项十分细致而复杂的工作，包括育雏前的准备和育雏方式，雏鸡的选择和喂养以及疾病预防等方面，关系雏鸡生长速度、免疫效果、发病率及死亡率高低、发育、生产及养殖性能的发挥，应予重视。

31 育雏前要做哪些准备？（视频 10）

育雏室及鸡舍 无论是新建或改建老鸡舍，都要与育雏数量或定群鸡数相吻合（根据密度要求），备好足够育雏面积。育雏室要求易于保温、通风、清扫、消毒及饲喂操作。

设备 饲槽及饮水器结构合理，大小适中，数量按要求备足。做到既能保持料、水卫生，又做到不浪费。对料槽长度蛋鸡、肉仔鸡每羽要求分别为 2.5～4 厘米、4～6 厘米，饮水槽为料槽的一半，饮水器每 100 羽/3.8 千克 2 个，每只 40 厘米 ×60 厘米料盘可供 100 只雏鸡使用。

热源 育雏舍内使用的不论是哪种热源（供热方式）都要事先检修好，进雏前经过试温，确保在育雏期不发生故障。

饲料 使用商品饲料，每批育雏数量、每次需量多少均须落实，并要求无霉变。若自配料，应根据该品种饲养标准，选定货真价实的原料进入配方。

垫料及燃料 对垫料要求松、软，吸湿性强，透气性能好，且便于消毒。垫料数量按育雏面积、厚度 5 厘米计算。一般应备好 2 ~3 批的量。根据试温备足育雏期的燃料。

药品 常用药品要有适量的备用量。有消毒药品；抗球虫药；抗菌药及器具等。药物均需选择订购备用，疫菌在按免疫程序事先备好，也可以事先与兽医站进行免疫承包，便于及时接种。

净化环境 对每一个鸡场都要提倡饲养一个品种，一个代次，实行“全进全出”制度。对新建的室、舍消毒程序，要符合育雏及养鸡的条件。对旧的室、舍：清除鸡粪→清理鸡床(笼)至室外→冲刷→阻塞鼠洞、维修门窗→全面粉刷 $\xrightarrow{\text{晾干}}$ 3% 烧碱 $\xrightarrow[\text{冲洗}]{\text{消毒}}$ 晾干→0. 3% 过氧乙酸 $\xrightarrow{\text{消毒}}$ 1∶800 倍百毒杀 $\xrightarrow[\text{隔1天}]{\text{消毒}}$ 威力碘或宝碘 $\xrightarrow[\text{隔1天}]{\text{消毒}}$ 按每立方米用 40% 福尔马林 42 毫升、高锰酸钾 21 克将室舍封闭熏蒸消毒 24 ~48 小时(此法亦可在进雏鸡前 3 天进行)，进鸡前 24 小时将门窗打开，将剩余甲醛挥发。消毒后空室应在 30 天以上，以阻断病原的感染，确保雏鸡健康。

特别提示

近 10 年来家禽社会饲养密度猛增，引进品种繁多，饲养管理水平不高，养禽环境污染程度不断加深、蔓延，疾病类型增多。对养鸡环境的净化工作当前应提到重要的议事日程。

32 育雏的方式有哪些种？(视频 11)

平面育雏 在室内地面上或网上养育雏鸡的方式，称平面育雏。该方式适宜于中、小型鸡场采用，优点是成本低、方法简便，但管理不便，易感染疾病。

这一类育雏方式根据热源、垫料、地面的不同，又可分几种：火炉育雏；火墙育雏；地上、地下烟道育雏；木屑炉、煤炉育雏；电热毯育雏；电热保姆伞育雏；远红外散热板育雏；厚垫料育雏及网上育雏。

笼式育雏 以生产厂专制的育雏笼来养育雏鸡。一般育雏分3~5层，采用叠层式排列，每层笼子四周用铁丝制成栅栏。目前不少养殖户采用竹质仿制的育雏笼，配制塑料饲槽和饮水器。笼底也用竹条做成，承粪板多采用塑料质片，可以定时抽出清除。

育雏笼的热源可用热水管、电热丝、热风炉(用煤炉的热气经过管道)散热，提高室内供温需要。优点是能充分利用有效面积，提高育雏数量、劳动效率。室内温度均匀，管理方便，疾病少。缺点是一次性投资大。该法在大中型鸡场中常采用。

立体式高床育雏 每张床宽1.2~1.3米，长度不限，床底是芦席或竹席，席上铺2~3厘米左右垫料，垫料上有一层塑料网，网眼1.2厘米×1.3厘米(便于清粪)，床的一侧靠墙，另一侧用竹片塑料网作围栏，一般分为3层，层间距离50~55厘米。

自温育雏(草窝育雏) 雏鸡依靠自身散热的温度养育自己。育雏器具常用暴晒干的稻草将灰尘去掉，制成草窝，窝底直径1~1.2米，底厚10厘米，窝高30~33厘米，窝口直径40~35厘米，每窝可容雏鸡100~120只，窝底用碎干草铺底，以便于保温。此法成本低，雏鸡能保温且温度均匀，易通风换气，适宜于农村千家万户小规模的饲养，一般适用于饲养300~500只养鸡户。不足之处在于用工量较多。

特别提示

人工育雏的方式繁多，各不一致，就占用面积和空间的位置，可分为平面育雏与立体育雏。按供温方法可分为人工加温和自温育雏。

33 如何选择雏鸡？（视频12）

首先，应有满足该坊、厂孵化过程中所需种蛋健康无病的种鸡场；其次，孵坊、厂内的炕孵师傅不仅要精通炕孵技术，而且要懂得防疫卫生、消毒及有关疾病的预防知识。要准确了解育雏鸡的现状：

雏鸡整齐度要好，就是雏鸡的个体大小差不多，没有过大或过小的雏。

对雏鸡要求五无，即无胶毛、血胶、挂腺、大肚、畸形。出现此类现象多半与孵化过程中的温度、湿度、晾蛋、氧气供给量有关。

用右手握住雏鸡，用无名指、小指轻轻按压腹部，用手感，能摸腹部是否柔软富有弹性，如此即为好雏，若腹部不柔软，则不为好雏。

看一看雏鸡腹部绒毛是否完好，泄殖腔（肛门）周围是否干净，干净者为好，若潮湿是鸡粪污染，则为带病雏。

听一听雏鸡叫声，若洪亮有力是好雏，若叫声有气无力则为次品雏。

雏鸡应经过马力克疫苗接种，按要求接种过的雏鸡方可购买。

特别提示

雏鸡的质量包括胚胎发育状况及健康状况两部分，而雏鸡质量直接或间接地影响雏鸡成活率、发病率、生长、发育等方面，在某种程度上决定育雏工作的成败。

34 雏鸡的运输要注意哪些环节?

运输前要先用1∶400倍抗毒威或0.3%过氧乙酸液消毒，器具底部要平，墙和盖子要有通气孔。最好使用专置的雏鸡盒，不论采用什么器具装雏，密度皆不宜大，尤其是夏季更应注意。

若冬季严寒天气，拖拉机、敞棚汽车宜用棉被或棉毯包装，春、秋季宜用被单覆盖包装。不管采用什么包装，都需要注意留下通风换气间隙，都应按季节、按气候选择包装物。夏季运输应选择在早晚或夜间，不一定要加包装。特别要注意防止受热。

雏鸡上车，装雏器具要求摆平呈水平，绝对不能有倾斜或坡度。在途中坚持30~45分钟检查1次，方法是将手伸入装雏器具内手感雏鸡，若雏鸡有扎堆、绒毛且有湿感，即为器具放得不平；若无扎堆感，但雏鸡绒毛有湿感即为温度偏高；若雏鸡盒内，无湿润感有扎堆，即为温度偏低。以上几种情况，都需要及时调整。若盒内雏鸡绒毛既无湿感，又无凉感，只有温感，即为合适。

距离在150千米之内不要休息，途中时间越短越好。在150千米以上，可按具体情况考虑休息。装运雏鸡时间上分秒必争是原则，当然注意安全更为重要。

特别提示

雏鸡的运输是一门科学，往往易被人们忽视。雏鸡运输不仅要考虑季节因素，还要及时调整装雏器具的位置和温度，另外，运输距离也要以分秒必争为原则。

35 进雏前后要做好哪些工作？（视频13）

室舍进雏前的工作

试温　测算从开始计到达目的温度的时间及维持温度的时间，以便及时调整热源。对新建室舍应提前几天试温或计温，目的是加速散发室、舍内温度，以便干燥室、舍，减少疾病的发生。

备好饮水　对初生雏增加体内水分及能量来源，以及预防疾病排除体内代谢产物。应使用同室温的糖水，水中另加0.1%维生素C，以及每千克水中1克庆大霉素，即每羽按0.3万~0.5万单位计算。该水可连续饮2天。

照明灯具　按每平方米4~5瓦准备。

饲料　商品料有育雏期饲料，肉仔鸡是前期料加后期料。自配料可按雏鸡的饲养标准配制。

供电设备要事先检修好。

点数、分群、供水　雏鸡进入室、舍后，首先迅速检点雏鸡数量，分别记载死雏数、病雏数、弱雏数、正品健雏数。其次分群，病雏、弱雏置于热源偏高地位，健雏按400~600只为一群，用栏网隔开，以防动荡太大而踏死、压死。稍息片刻给雏鸡充分饮水。此时应加强观察，密切注视，对不饮水的雏鸡随时捉出来与弱雏并群。在弱雏中对不饮水的可用滴管吸一点水，再将雏鸡嘴打开，将水滴进。

36 雏鸡何时开食？如何进行？（视频14）

按出壳时间开食，一般在出壳后24~36小时开食对雏鸡的生长最为有利，但在实践中，往往部分孵坊由于技术高低不等致使雏鸡出壳时间不准，而影响开食时间。开食时间可根据出壳时间与雏鸡求食行为结合起来，求食行为就是雏鸡在饮水后，出现部分或半数以上雏鸡在相互啄食，有的啄墙，有的啄地面垫料似乎想吃食，此时即为开食时间，因为早开食易引起消化不良，迟开食会引起少数鸡不吃食而竭衰。开食顺序：首先将灯全部打开(照度按每平方米4～5瓦计算)。其次将雏鸡盒或瓦楞纸或深色塑料薄膜均匀地按栏分布。饲喂原则：坚持食前饮水，饮后喂食，少给多餐八成饱为原则。先喂健雏，后喂弱雏。在每次喂后，坚持随机抽检，分析原因，对不饱食雏鸡放到弱雏中去，加强调养。每日应吃次数：蛋雏、蛋种雏、肉种雏第1周每日喂8餐，2～3周每日喂6次，4～5周每日喂4次，6周每日喂3次。每次饲喂时间30～45分钟，对肉用鸡可整日喂料。在用自配料3日后改用商品料，保证营养需要。以上配制水饮3日后改用同室温温开水。

特别提示

雏鸡绒毛短，皮肤薄，调节体温功能差，体温低于成鸡1.5～2℃，保温不当，则易受凉感冒。新陈代谢旺盛，生长快，育雏结束时体重为初生雏重15～16倍。雏鸡消化道容积小，消化能力弱。群居性强，胆小怕惊。抗逆性差，易生病。

37 育雏期的雏鸡如何管理？（视频15）

温度要恒定 温度是提高育雏成活率的关键。施温要求：育雏初期宜高，后期宜低；夜间宜高，白天宜低；小群宜高，大群宜低；弱雏宜高，强雏宜低；阴雨天宜高，晴天宜低；立体式育雏下层宜高，上层宜低；日温差不宜超过2℃。施温原则：禁忌忽高忽低。升温降温要缓慢，每周平稳下降2～3℃。温度是否合适，还应根据雏鸡行为确定。若雏鸡爱扎堆，聚集于热源，视为温度偏低；若雏鸡张口拉翅，频频饮水，远离热源，视为温度偏高；若分布均匀，活泼好动食欲旺盛，消化良好，睡眠分散，视为温度合适。值得注意的是部分养禽户片面强调保温，忽视了通风的一面，导致育雏室内温度高、湿度大、氮气重、二氧化碳含量高、空气不新鲜，致使雏鸡生病，难养。因此在强调保温的同时必须及时通风换气保持空气新鲜。当育雏室内感觉到湿、闷、气味重时就要通风，主要通气方法：通气前将室温提高 2～3℃，然后逐步打开通风窗、门，待室内空气达到新鲜，再关上通风窗及门。

密度要合理 密度过低，浪费育雏面积；密度过高，会引起采食位距不足，室内温度增加，空气浑浊，氮气加重，影响生长，增加发病率，降低成活率。在农村养殖户中，大部分都是超标的，有的甚至每平方米 71 只。合理密度是：商品蛋鸡 17～25 只，土种鸡 25 只，然后每周应扩大 1/5～1/4 的育雏面积。每周密度见表 6-1。

表 6-1 育雏阶段的饲养密度与采食位距离

周龄	密度（只/平方米）	采食位距离（厘米/只）	饮水距离（厘米/只）
1～2	25～17	2.5～3.5	1.2～1.75
3～4	20～19	3.5～4.5	1.75～2.25
5～6	16～15	4.5～6.0	2.25～3.0
7～8	12～10	6.0	3.0

湿度要调控 平面垫料育雏，高床网上平养，笼养，要求做好卫生工作保持垫料干燥，定期清理鸡粪，尤其是梅雨及夏季更为重要。在保持鸡舍地面干燥的同时，注意保持室内空间的相对湿度。在育雏期间，相对湿度保持在 55%～75%，育雏初期湿度宜高，后期湿度宜低。在部分养禽户当中，由于忽视湿度的补充，在育雏初期使育雏室内尘土飞扬、绒毛满室。因而出现雏鸡饮水量增加，绒羽易脆，趾胫干，食欲不良，影响生长增加发病。为此可在室内热源上放一锅水待开时，将盖掀掉，使之增加室内湿度。除此，可结合室内防疫灭病，施行带鸡消毒，如空间、墙壁、

地面，都可使用。

光照不可少 （见表6-2）：雏鸡进室后1～2天，保持23小时光照，光照强度3日龄至2周龄、3～4周龄：3～4瓦每平方米，4～5瓦每平方米，此后光照渐减至自然光照。4周龄后除饲喂时开灯，照度每平方米2～3瓦外，保持自然光照。在小规模农户养鸡，有条件的冬季在10日龄左右，春秋季节在7日龄左右，可把雏鸡放到室外进行日光浴。好处：①清理室内并消毒，换垫料；②增加鸡体维生素的合成，增加雏鸡活动，增加食欲，增强体质，减少疾病。方法是首次日光浴，先将室外运动场地选择在避风朝阳、地面干燥处。如另一侧有风吹进，要用塑料布挡好；然后把舍风窗逐步打开，待室内外温度接近时，再让雏鸡至运动场。首次运动时间15～20分钟，此后逐日延长运动时间，在条件不成熟时绝不宜勉强进行运动。

表6-2 开放式鸡舍、育雏、育成期间光照程序

	日龄(天)				
	1～2	3～7	8～14	15～20	21～119
光照时间(小时)	23～24	22	18	16	自然光照
光照强度(勒克斯)	20～40	20～30	10～20	5～10	

位距要适中 育雏期间保证雏鸡有满足的采食位距和饮水位距(见表6-1)，鸡群的整齐度不仅在选雏时要求一致，实际上在很大程度上是在喂料过程中做到的。因为位距不足，会造成强者占位吃好吃饱，长得好，超重；弱者吃不好，吃不饱，长不好，体重不达标，晚熟。合理采食位距，蛋鸡饲养2.5～4厘米每只，白壳蛋鸡1.5～2厘米每只，饮水距离为采食位距的一半。每100只雏用直径40厘米料盘2个。每100只用直径33厘米饮水器1个。所以按照标准使用料器、料桶、饮水桶、饮水器是提高鸡群整齐度的一个重要方面。

断喙要适时 断喙是防治鸡群啄羽、啄肛、啄趾等恶癖的有效手段。断喙利于控制饲养，节约饲料。断喙时应注意下面几个问题：

断喙的时间 第1次6～9日龄，第2次7～8周龄。首次断喙应激性小，易于操作，且不影响免疫程序开展。二次补断或称修喙，对整群影响不大。部分养禽户在70～90日龄断喙，此时鸡群正处在控制饲养期间，抵抗能力弱，承受不了不规范的断喙方式，造成强烈的应激反应，因此而诱发出多种疾病，经济损失很大。

断喙要求 使用剪刀断喙，剪刀要锋利，同时备1把土造烙铁(用最小钢筋撬成直角形头子锤扁，备1个煤球炉)，两人操作。1人断，上喙从鼻孔起至喙的钩，断1/2，下喙断1/3，断喙时防止伤舌。若发现出血，应用烙铁止血。使用断喙器，首先检查电源，是否安全可靠，断喙器要检修好。不少断喙者为了方便和节省时间，采用一齐断喙，还有的将上下喙断去3/5，造成鸡群强烈应激，一直保持很长时间，使全鸡群因应激疼痛而吃不饱食，影响生长，增加发病，造成意外病态反应。因此，对断喙者事先应明确断喙要求及事故处理意见。

断喙前后的注意事项 断喙时间必须选择在鸡群健康时，既不影响免疫工作的开展，又不会造成鸡群的大应激。断喙前1～2天，在饲料中(包括商品料)另加多种维生素50%～100%，维生素每千克料加1克，断喙后同样喂两天，并要求食槽内料满。

分群饲养 育雏期间始终坚持强弱大小分群饲养(每群400～600羽)，以利于提高成活率。方法是随机取样，空腹称重，小群5%，大群3%，每只分别记载，再求平均数。与各品种的体重标准对比，看长速，看均匀度，以便下星期采取措施。调整营养浓度及采食量。

特别提示

育雏期的管理在某种意义上讲比喂养更重要，因为管理得当，可以提高饲料报酬，减少疾病，有利于接种后特异性抗体的形成；有利于培育健雏、壮雏。

38 雏鸡的疾病预防有哪些方法？（视频16）

1～14日龄预防鸡白痢病。

12日龄开始预防鸡球虫病。防治球虫病应注意抗球虫药物的选择，不宜单独使用1种，应选择两种以上药物按计量（按各药品的使用情况）、按疗程使用。每个疗程为7～8天，即用药4～5天，停药3～4天，再依此类推，一直到80日龄。疗程也不是不可变，同样应根据气候状况，鸡群健康状况，确定疗程的进行或停止。对肉用仔鸡，要求在上市前10～14天停药，应注意到药残对人健康的影响。在用药期间，建议补加鱼肝油或维生素A，有利于提高球虫病的防治效果。注意及时清理鸡粪及消毒，保持雏鸡舍内尤其是垫料干燥和卫生。注意保持舍内、外环境安宁，避免应激。

选择正确的脱温时间。雏鸡脱温就是不加温，意味着育雏结束，育成期的开始。脱温的标准是根据雏鸡的体重及环境中的温度，如雏鸡体重符合标准，但是外环境温度偏低，可以适当推迟脱温；如雏鸡体重不达标准，温度符合要求，须对雏鸡营养至符合要求再给予脱温；如外在温度符合脱温，可以适当提前脱温。总体讲冬季、早春育雏应适当推迟脱温；夏季、早秋育雏可以提前脱温，这样利于育成期的饲养。

注意环境、饲料及饮水卫生的消毒。保持育雏期间的饮水卫生，建议雏鸡饮水器、饮水桶每日要清洗两次。除免疫前1天后2天外，都要对正常空间及环境消毒；除免疫期外，都要争取每天消毒1次。

免疫程序。在育雏期间，要注意防药害，防中毒（包括药物、煤气），防火灾，保证人禽安全。

特别提示

预防的疾病类型随肉鸡日龄的不同而变化。但在任何阶段都应保持舍内的干净和干燥，选择正确的脱温时间，并做好消毒工作。

肉仔鸡和种鸡的饲养管理

肉用种鸡的饲养管理好坏，直接影响其生产性能、种用价值及经济效益。所以，要根据品种特点和要求，抓好育雏、育成期的合理限制饲养，使鸡群达到标准体重、均匀一致的体形结构及适时开产。

39 什么是肉鸡的饲养标准？

饲养标准是根据大量的科学实验，结合生产实际经验而制定的鸡在不同体重、不同生理状态和不同生产水平条件下，需要各种营养物质的数量。

饲养标准是个传统的名称。现行的饲养标准更确切的含义是：系统表述经试验研究确定的特定动物的各种营养物质需要量，经有关专家集中审定后，定期或不定期以专题报告性的文件由有关权威机关颁布发行。

在实际配制饲料时，要注意日粮中的氨基酸平衡。从总的计算看，蛋白质水平虽高，但氨基酸不平衡，缺乏某种或数种必需氨基酸，也就等于降低了蛋白质利用率。此时，只有补加日粮中缺少的氨基酸，达到氨基酸比例相对平衡，才能起到提高蛋白质水平的实际效果。达到氨基酸平衡时，能量蛋白比要适当。雏鸡的年龄越小，能量蛋白比越窄；雏鸡年龄大时，要求宽一些。能量蛋白比与鸡的生长速度有很大关系，虽然能量与蛋白质的比例对于实际营养参数的决定有很大帮助，但需要小心控制某些重要氨基酸含量与饲料热能的关系。

现举几个饲养标准实例，见表7-1、表7-2、表7-3、表7-4。

表7-1　爱拔益加肉仔鸡的饲养标准(粗蛋白质、氨基酸、代谢能等)

	育雏饲料Ⅰ	中期饲料	后期饲料Ⅰ	后期饲料Ⅱ
代谢能(兆焦/千克)	11.75	13.4	13.4	13.4
粗蛋白质(%)	20	20	18.5	18.0
粗脂肪(%)	5.0~7.0	5.0~7.0	5.0~7.0	5.0~7.0
抗氧化剂(毫克/千克)	120	120	120	120
钙(%)	0.9~0.95	0.85~0.90	0.8~0.85	0.78~0.80
有效磷(%)	0.45~0.47	0.40~0.45	0.40~0.43	0.37~0.40
钠(%)	0.18~0.22	0.18~0.22	0.18~0.22	0.18~0.22
盐(%)	0.30~0.45	0.30~0.45	0.30~0.45	0.30~0.45
精氨酸(%)	1.15	1.20	0.96	0.95
赖氨酸(%)	1.00	1.01	0.94	0.90
蛋氨酸(%)	0.40	0.44	0.38	0.36
蛋氨酸+胱氨酸(%)	0.78	0.82	0.77	0.72
色氨酸(%)	0.20	0.19	0.18	0.17

表 7-2　爱拔益加肉仔鸡饲养标准(微量元素、维生素)

营养成分	育雏饲料	中期饲料	后期饲料
锰(毫克/千克)	100	100	100
锌(毫克/千克)	75	75	75
铁(毫克/千克)	100	100	100
铜(毫克/千克)	8.00	8.00	8.00
碘(毫克/千克)	0.45	0.45	0.45
硒(毫克/千克)	0.10	0.10	0.10
维生素 A(单位/千克)	9000	9000	7500
维生素 D_3(单位/千克)	3300	3300	2500
维生素 E(单位/千克)	30.0	30.0	30.0
维生素 K(单位/千克)	2.20	2.20	1.65
硫胺素(毫克/千克)	2.20	2.20	1.65
核黄素(毫克/千克)	8.00	8.00	6.00
泛酸(毫克/千克)	12.0	12.0	9.0
烟酸(毫克/千克)	66.0	66.0	50.0
吡哆醇(毫克/千克)	4.40	4.40	3.00
叶酸(毫克/千克)	1.00	1.00	0.75
胆碱(毫克/千克)	550	550	440
生物素(毫克/千克)	0.20	0.20	0.15
维生素 B_{12}(毫克/千克)	0.022	0.022	0.015

表7-3 爱拔益加肉仔鸡体重及饲料转化率

	周龄	活重(克)		饲料消耗量(克)		饲料转化率(%)	
		周末	每周增重	每周计算	累积计算	每周计算	累积计算
雄鸡	1	170	130	144	148	1.11	0.87
	2	420	250	306	454	1.22	1.08
	3	770	350	509	963	1.45	1.25
	4	1200	430	718	1680	1.67	1.40
	5	1700	500	972	2652	1.94	1.56
	6	2245	545	1209	3861	2.22	1.72
	7	2800	555	1403	5264	2.53	1.88
	8	3345	545	1627	6891	2.98	2.06
雌鸡	1	160	120	144	141	1.20	0.88
	2	390	230	288	429	1.25	1.10
	3	690	300	447	876	1.49	1.27
	4	1060	370	650	1526	1.76	1.44
	5	1470	410	826	2352	2.01	1.60
	6	1905	435	1020	3372	2.34	1.77
	7	2340	435	1191	4563	2.74	1.95
	8	2765	425	1326	5889	3.12	2.13
雌雄混养	1	165	125	144	144	1.15	0.87
	2	405	240	298	441	1.24	1.09
	3	730	325	478	920	1.47	1.26
	4	1130	400	685	1605	1.71	1.42
	5	1585	455	900	2504	1.98	1.58
	6	2075	490	1106	3611	2.26	1.74
	7	2570	495	1298	4909	2.62	1.91
	8	3055	485	1476	6385	3.04	2.09

表7-4 艾维茵肉仔鸡饲养标准(粗蛋白质、氨基酸、代谢能、钙、磷)

性别	营养成分	幼雏0至14天	中雏15至40天	大雏41天至出栏
雄鸡	粗蛋白质(%)	24	21	19
	代谢能(兆焦/千克)	12.96	13.38	13.38
	能量蛋白比	129	152	168
	钙(%)	0.95~1.00	0.90~0.95	0.85~0.90
	有效磷(%)	0.50~0.52	0.48~0.50	0.42~0.46
	赖氨酸(%)	1.25	1.05	0.80
	蛋氨酸+胱氨酸(%)	0.96	0.85	0.71
雌鸡	粗蛋白质(%)	24	19.5	18
	代谢能(兆焦/千克)	12.95	13.38	13.38
	能量蛋白比	129	164	178
	钙(%)	0.95~1.00	0.85~0.90	0.80~0.90
	有效磷(%)	0.50~0.52	0.40~0.45	0.35~0.40
	赖氨酸(%)	1.25	0.90	0.70
	蛋氨酸+胱氨酸(%)	0.96	0.75	0.65

40 如何配合肉鸡的日粮?

对健康而生产性能好的鸡来说，在环境条件适宜的情况下，能否在日粮中满足营养需要，就成为影响鸡生产性能的主要因素。日粮中各种营养含量是否完全，水平是否适当，都会直接影响增重和饲料报酬。

配合日粮中，必须以鸡的饲养标准为依据，结合饲养实践中鸡的生长与生产性能，灵活制订日粮配方。

配合日粮时，接触的营养指标很多，如能量、蛋白质、各种氨基酸、各种矿物质，但首先要满足鸡的能量需要，再考虑其他营养物质的含量。只要满足了鸡的能量需要，即使其他营养物质量不足，只要增加少量添加剂，便可得到调整。如果先考虑其他营养的需要量，一旦能量不足，则需对日粮结构进行较大的调整，相当麻烦。在满足能量需要后，还要注意能量蛋白比是否符合饲养标准规定。如日粮中能量高，蛋白质的含量也应高些；日粮中能量低，蛋白质的含量也相应低些。

必须根据各类鸡的不同消化生理特点，选择适宜的饲料进行搭配，尤其要注意控制日粮中粗纤维的含量。鸡是单胃动物，对粗纤维的消化能力很低。在鸡的日粮中，粗纤维含量以不超过5%为宜。

表 7-5 艾维茵肉仔鸡体重和每周龄的料肉比

鸡龄		公		母		混合雏	
周	日	体重（千克）	料肉比	体重（千克）	料肉比	体重（千克）	料肉比
1	7	0.159	0.84：1	0.150	0.86：1	0.154	0.85：1
2	14	0.418	1.06：1	0.381	1.08：1	0.400	1.07：1
3	21	0.731	1.23：1	0.654	1.25：1	0.690	1.24：1
4	28	1.139	1.38：1	1.003	1.42：1	1.071	1.40：1
5	35	1.621	1.54：1	1.394	1.58：1	1.507	1.56：1
6	42	2.143	1.70：1	1.811	1.75：1	1.979	1.72：1
7	49	2.674	1.86：1	2.229	1.93：1	2.452	1.89：1
8	56	3.205	2.05：1	2.642	2.12：1	2.924	2.08：1
9	63	3.714	2.23：1	3.023	2.32：1	3.369	2.27：1

应注意饲料的多样化，尽量多用几种饲料进行配合，这样有利于配制成营养全面的日粮，充分发挥各种饲料中蛋白质、氨基酸及其他营养成分的互补作用，提高日粮的消化率和营养物质的利用率。配制的日粮应具有良好的适口性，饲料应新鲜，质地良好。发霉和变质的饲料不能用来搭配日粮。饲料种类应力求保持相对稳定，如需改变饲料种类和配合比例，应逐渐变化，给鸡一个适应的过程。饲料在养鸡生产成本中占很大比例。因此，配合日粮时应尽量做到就地取材，充分利用当地饲料资源，以降低饲

养成本。同时，根据养鸡生产需要有计划地种植各种饲料作物，保证养鸡生产对各种饲料的需要。

特别提示

对健康而生产性能好的鸡来说，在环境条件适宜的情况下，能否在日粮中满足营养需要，水平是否恰当，都会直接影响增重和饲料报酬。

41 肉仔鸡饲养需要在饲料中添加哪些添加剂？

肉仔鸡生长期短，饲养密集，集约化生产管理配制饲料时，要注意添加一些限制性氨基酸(如蛋氨酸、赖氨酸等)、维生素和微量元素添加剂，保证快速生长的肉仔鸡营养需要，以防营养性代谢缺乏症的发生。添加剂主要作用是促进机体代谢、防病、驱虫及改善产品质量。

促进生长剂　主要包括抗生素、抗菌剂、酶制剂、中草药等。本书着重介绍在养鸡生产上常用的抗生素。

抗生素能抑制肠内有害微生物，并能增进体内有益微生物的活动，具有抗多种消化系统疾病、提高饲料利用率、促进肉用仔鸡增重的作用。据试验，用金霉素、土霉素作饲料添加剂，肉鸡能增重10%～15%。常用抗生素有金霉素、土霉素、青霉素和链霉素。近年来杆菌肽、瘤胃素也开始应用。

雏鸡使用抗生素的适宜添加量是每千克饲料中添加10毫克(促进生长)。如果是预防疾病，添加量可适当多一些，一般每千克饲料内添加抗生素50毫克。有些试验表明，使用抗生素在雏鸡阶段促进生长的效果好，两种以上的抗生素合并使用比单用一种效果更好。

肉鸡饲料中抗生素的添加量及作用如表7-6。

防治畜禽疾病的添加剂　在肉鸡生产上，球虫病对雏鸡的危害很大，轻则使生产性能下降，严重时造成大批死亡。在饲料中添加抗球虫病添加剂是预防此病的有效方法。

国内外用于防治球虫的添加剂有几十种之多，但是，由于同一种病球虫种类不同，有些药物对某种球虫效果很好，对别种球虫效果很差。即使是特异性药物，如连续用药时间较长，也会产生抗药性。因此，在国外常常交替使用几种抗球虫的药物，称为“穿梭式用药法”。

表 7-6　肉鸡抗生素添加量及效果

	每吨饲料中添加量(克)	效　用
杆菌肽	4.4～55	提高日增重、产蛋率、饲料效率，治疗非特异性肠炎
金霉素	11～55	提高日增重、产量率，治疗慢性呼吸道病、非特异性肠炎、骨膜炎、副伤寒
红霉素	4.5～18.5(雏鸡)	提高日增重、产蛋率、饲料效率，治疗慢性呼吸道病、鼻炎
竹桃霉素	1～2(肉仔鸡)	提高日增重、饲料效率
土霉素	5.5～55.0	提高日增重、产蛋率、饲料效率，治疗慢性呼吸道病
青霉素	2.6～55.0	提高日增重、饲料效率，治疗慢性呼吸道病、非特异性肠炎、骨膜炎
泰乐霉素	4.4～55.0	提高日增重、饲料效率，治疗慢性呼吸道病

特别提示

饲养标准是动物营养需要研究应用于动物饲养实践的最权威的表述，反映了动物生产对营养物质的客观要求。饲养标准是动物饲养的原则，但并不能保证动物饲养者合理养好所有动物，因为在生产实际中影响动物需要量的因素很多，饲养标准不可能将所有影响都考虑在内。

42 肉用仔鸡的生产特点有哪些?

早期生长快 肉用仔鸡公母混合饲养，在正常的生长条件下，早期生长十分迅速。6～7周龄达到或接近2.00～2.50千克。

饲养周期短 肉用仔鸡从雏鸡出壳，饲养6～8周龄即可达到上市标准体重，这样10周就可饲养一批肉鸡，1年可以饲养5批。

饲料转化率高 在肉用畜禽中，肉用仔鸡的饲料转化率最高。目前许多国家已达2∶1的高水平，更有甚者已高达1.72∶1。

饲养密度大 与蛋鸡相比，肉用仔鸡喜安静，不活泼好动，除了吃食饮水外，很少斗殴跳跃，特别是饲养后期由于体重迅速增大，活动量大减。一般厚垫料平养，每平方米可养12只左右，比同等体重同样饲养方式的蛋鸡密度增加1倍。

劳动效率高 肉用仔鸡除了集约化生产效益十分理想外，肉用仔鸡笼养、网养、平面散养均可。农村可因地制宜，不需要什么特殊设备。一般平面散养，1个劳力可以管理1500～2000只鸡，全年可以饲养7500～10 000只，使劳动力得到了充分利用。

特别提示

肉用仔鸡腿部疾病较多，这已成为影响肉仔鸡迅速发展的一大障碍。胸囊肿也是一个比较严重的问题。这些疾病大大提高了肉用仔鸡残次品率，从而造成经济损失。

43 肉用仔鸡的饲养方式有哪些?

由于肉用仔鸡性温顺，飞翔能力差，生长快，体格大，骨骼易折，胸骨容易弯曲，胸囊肿发生率高。我们应根据其特殊性，在饲养方式上采取相应的措施。

厚垫料平养 目前国内外最普遍采用的一种饲养方式。它具有设备投资少，简单易行，能减少囊肿发生率等主要优点，也是农家养鸡常采用的方法。但有球虫病易发且难以控制、药品和垫料费用较高等缺点。

厚垫料平养是在舍内水泥或砖头地面上铺以15～18厘米厚的垫料。垫料要求松软、吸湿性强、未霉变、长短适宜，一般为5厘米左右。通常使用的垫料有玉米秸、稻草、刨花、锯屑等，也可混合使用。垫料要常换常晒，或将鸡粪抖掉再垫入鸡舍。

此种方式大多采用保姆伞育雏。伞的边缘离地面为鸡背高的两倍，使鸡能在伞下自由出入，以选择其适宜温度。在离开保姆伞边缘60～159厘米处，用46厘米高的纤维板或铝丝网围成圆形，将保姆伞围在中央，并在保姆伞和围篱中间均匀地按顺序将饮水器和饲料盆或槽排好。随着鸡日龄增大，保姆伞升高，拆去篱。一般直径2米的保姆伞可育肉用仔鸡500只。

弹性塑料网上平养 弹性塑料网上平养与蛋鸡网上平养基本相似，不同之处是在金属板格上再铺上一层弹性塑料方眼网，此种网柔软而有弹性。采用此种方式饲养的肉仔，腿部疾病及胸囊肿发生率低，且能提高其商品合格率。此外，肉用仔鸡排出的鸡粪经网眼落入地下，减少消化道疾病的再感染机会，特别是对球虫病的控制效果甚为显著。

笼养 肉仔鸡笼养除了能减少疾病的发生外，还具有以下优点：①提高单位空间利用率。②饲料效率可提高5%～10%，降低成本3%～7%。③节约药品费用。④无需垫料，节省开支。⑤提高劳动效率。⑥便于公母分开饲养，实行科学管理，加快增重速度。然而，肉用仔鸡笼养仍不十分普遍，主要是由于笼养肉用仔鸡胸囊肿严重，商品合格率低下。近年来，生产出具有弹性的塑料笼底，并在生产中注意上市体重（一般以1.7千克为准），使肉仔鸡的胸囊肿发生率大为降低，发挥了笼养鸡的优势。笼养与厚垫料平养，在相同条件下的生产性能是不一样的（表7-7）。

表 7-7 笼养与厚垫料平养的比较

	笼养	厚垫料平养
饲养期(天)	56	56
平均体重(克)	1916	1725
饲料转化率	2. 14: 1	2. 18: 1

特别提示

无论平养，还是笼养，肉用仔鸡都应采用全进全出制生产方式。即全部肉用仔鸡或每幢所养仔鸡都在同一天进雏，然后同一天出售，鸡舍有7～14天无鸡，全部养鸡设施做彻底的消毒处理。这样，能完全中断各种疾病的循环传播，使每批鸡都有一个“清洁的开端”。一般每批养50～60天，中间休整7～14天；饲养人员要工作到鸡出售后才能够休息。

肉用仔鸡的批量生产要求饲养者根据自己鸡舍、设备、人员、雏鸡来源情况，制定出全年养鸡数和休整期间的消毒日程表。

44 肉用仔鸡的饲养要注意哪些关键？

肉鸡饲养管理所需条件及准备范围见表 7-8。雏鸡到来前几日，必须彻底清洁和消毒育雏室、工具及其他工作场所。

无论采用何种育雏方式，都必须满足鸡对水、温度、湿度、光照、空气、饲料营养、环境的基本要求。

饮水 雏鸡能否及时饮到水是很关键的。由于初生雏从较高温度的孵化器出来，又在出雏室内停留，体内丧失水分较多。故适时饮水可补充雏鸡生理上所需水分，有助于促进食欲，帮助饲料消化与吸收，促进粪的排出。

表 7-8 肉鸡饲养管理所需的条件

	管理措施
饮水器	在前两周龄，每千只鸡需饮水器 15 ~ 16 个容量 4 千克之水壶，如以自动饮水槽供水时，每只鸡所需位置为 2 厘米。
给饲位置	第 1 周，每百只鸡需用 1 个饲料盘(塑胶质或瓦楞纸类)。如使用适当容量的饲料槽，每 38 厘米可供 12 只鸡用，但槽的两边都应计算在内。如使用饲料桶，则每个可供 48 ~ 68 只鸡用。
保姆伞	每个保姆伞容纳 500 ~ 600 只雏鸡。如使用中央热源系统，每平方米可容纳 22 只鸡，即每只鸡需 0. 046 平方米。
温度	初期温度为 32 ~ 35℃，以后每周降低大约 3℃，直至维持在 21℃之最低温度。
围篱	高度 45 ~ 50 厘米，并放在离保姆伞边缘 60 ~ 150 厘米处，视保姆伞之种类和季节变化而定。
垫料	必须使用干爽、清洁、吸水好、不发霉之垫料，每次放置约 5 厘米，并随时保持良好状况。
通风系统	鸡舍空气必须流通，有助于鸡只成长，并使垫料保持良好状况。

初生雏初次饮水称为“开水”。一般“开水”在“开食”之前，一旦开始饮水之后就不应再断水。雏鸡出壳后不久即可饮水，饮水推迟会发生“老口”，故在雏鸡入舍安顿好后 3 小时内，让其饮 5% ~ 8% 糖水。研究表明，如果这样做，且糖水供足 15 小时，则死亡率可降低一半。在 15 日龄内饮用温开水，饮水时可把青霉素、高锰酸钾等药按规定浓度溶于饮水中，可有效地控制某些疾病的发生。15 天后饮冷水，但水温应和室温一致。鸡的饮用水必须清洁干净，饮水器必须充足，并均匀分布在室内，饮水器距地面的高度应随雏鸡日龄增长而调整。

开食 开食与饮水是生产上关键的两大问题。开食的早晚直接影响初生雏的食欲、消化和今后的生长发育。一般开食多在出壳 24 小时内进行，实际饲养时雏鸡饮水 1 ~ 2 小时后开始喂料。雏鸡饲料营养要丰富、全价，且易于消化吸收，饲料新鲜，颗粒大小适中，易于啄食。另外，在饲料中加 0. 2% ~ 0. 3% 土霉素或 0. 02% 的痢特灵以控制鸡白痢病的发生。料充分拌匀后，放在消毒过的报纸、深色塑料布上或饲料浅盆内饲喂。从第 2 天或第 3 天起，开始逐渐应用饲料槽，间断往饲料槽内加饲料以吸引雏鸡前来采食。每天取走 1 ~2 个原先使用的饲料浅盘，6 ~7 天后不再用饲料浅盘饲喂。食槽数量要充足，以提高鸡群的整齐度。

及时更换配合饲料 开食 2 ~3 日后，改喂配合饲料，以满足肉鸡迅速生长的需要。参照配方如下：

配方 1(%)：玉米 63；豆粕 31；油 1；预混料 5(0 ~4 周龄)。

配方 2(%)：玉米 68；豆粕 25；油 2；预混料 5(5 周 ~ 出栏)。

配方 3(%)：玉米 60；豆粕 16；花生饼 14；进口鱼粉 4；肉骨粉 2；磷酸氢钙 1.3；食盐 0.3；复合添加剂 1；油 1；贝壳粉 0.4(0 ~4 周龄)。

配方 4(%)：玉米 67；豆饼 14；花生饼 12；进口鱼粉 2；磷酸氢钙 1.3；盐 0.3；复合添加剂 1.0；肉油 2；贝壳粉 0.4(4 周龄 ~ 出栏)。

配方 5(%，1 ~21 天适用)：玉米 61、豆粕 33、进口鱼粉 3、磷酸氢钙 1.3、贝壳粉 0.4、食盐 0.3、复合添加剂 1.0。

配方 6(%，22 ~42 天适用)：玉米 63、豆粕 29、进口鱼粉 2、磷酸氢钙 1.3、贝壳粉 0.4、食盐 0.3、油脂 3、复合添加剂 1.0。

配方 7(%，43 天以上适用)：玉米 70、豆粕 22、进口鱼粉 2、磷酸氢钙 1.3、贝壳粉 0.4、食盐 0.3、油脂 3、复合添加剂 1.0。

饲喂次数 由于雏鸡消化器官容积小，故饲喂次数要多，一般 3 日龄内，每隔 2 小时喂 1 次，夜间停食 4 ~5 小时，3 日龄后喂料次数逐渐减少，但每昼夜喂料次数不得少于 6 次。饲料形状以颗粒料最为理想，它不仅能刺激鸡只食欲，还能减少饲料浪费，提高饲料转化率。

特别提示

肉用仔鸡育成时间极短，而且是大群密集饲养，病菌侵入后传播极其迅速，往往会使全部鸡群发病。即使没有那样严重，也因感染病菌而使肉用仔鸡的生长发育率降低15% ~30%，甚至造成部分死亡。加上有些药物、疫苗在体内有残留量，除影响鸡肉品质外，也会给人带来不良影响。因此，在出售前至少4周不能用药(如抗球虫剂、抗菌增效剂等)。所以，饲养肉用鸡仔除必须像雏鸡那样隔离外，还要作严格的消毒处理。

45 肉用仔鸡的饲养对环境条件如何管理?

温度 肉用雏鸡出壳后的体温是39 ~40℃。前2周雏鸡自身调节体温的机能较差，对外界温度变化十分敏感，需要依靠环境温度来维持。当外界温度与体温相差8℃以上时，容易造成死亡。肉用鸡所需的环境温度比同龄蛋用雏鸡高1℃左右。

在生产实际中，开始时育雏温度为33 ~34℃，一般以每周递减3℃的降温速度比较合适。降温速度过快，雏鸡不易适应；太慢对羽毛生长不利。从第5周起，环境温度应保持在20 ~24℃，这对增重速度和饲料转化率都极为有利，这是肉用仔鸡对温度要求的一大特点。有试验证明，温度每增加或降低1℃，8周龄体重每只约减少或增加20千克；每增加或减少1℃，8周龄总采食量每只减少或增加50千克。这说明肉用仔鸡整个饲养期内都要十分注意温度的控制。

湿度 湿度对雏鸡的健康和生长影响较大。第1周相对湿度应为70% ~75%，第2周为65%，3周以后保持在55% ~60%。以舍内干燥为好。育雏的头几天由于室内温度较高，室内相对湿度往往偏低，故室内须补充水分。可在墙壁、地面喷水来增加湿度。10日龄后由于雏鸡呼吸量和排粪量增加，室内湿度增大。因此，喂水时注意防止水溢出，同时加强通风换气，勤换垫料，使室内湿度控制在标准范围之内。

通风 幼雏虽体小但生长发育迅速，代谢旺盛，加之密度大，因此呼吸排出的二氧化碳、粪便及污染的垫料散发出的有害气体如氨气、一氧化碳、硫化氢等，使空气污浊，对雏鸡生长发育不利，且易暴发传染病。值得一提的是，不少鸡场或专业户为了保持室内育雏温度而忽视通风，结果造成雏鸡体弱多病，死亡增加。严重的个别鸡场将炉盖打开，企图达到提高室温的目的，结果造成煤气中毒。为了做到既保持室温，室内空气又新鲜，可以先提高室温，然后再打开门窗进行通风换气。通风效果取决于鸡舍内外温度之差。

光照 光照时间的长短及光照强度对肉用仔鸡的生长发育影响较大。光照时间一般是第 1 周 23 小时光照，1 小时黑暗；第 2 周以后实行晚上间断照明，即开灯喂料，采食后熄灯。在光照制度中，黑暗的目的在于让鸡知道有黑暗这回事，以防在光照出现故障如停电等情况时发生惊群。具体光照程序和光照强度见表 7-9。

表 7-9 肉用仔鸡光照程序和强度

日龄	光照时间	日龄	光照强度
1～2 日龄	24 小时不照	<1 日龄	60(6～8 瓦/平方米)
3～7 日龄	1 小时黑暗 23 小时光照	1 日龄	50(6～8 瓦/平方米)
8 日龄以后	1 小时光照 3 小时黑暗循环进行	2～7 日龄	逐渐降至 2～5(4～6 瓦/平方米)
		7 日龄～结束	2～3(2 瓦/平方米)

密度 密度是指育雏室内每平方米所容纳的雏鸡数。密度对雏鸡的生长发育有着重大影响。密度过大，鸡的活动受到限制，

空气污浊，湿度增加，垫料问题增多，结果导致鸡只生长缓慢，群体整齐度差，易感染疾病，死亡率升高，且易发生雏鸡相互残杀，即啄肛、啄羽等恶癖，降低肉仔鸡品质；密度过小则浪费空间，饲养定额少，成本增加。密度应根据禽舍的结构、通风条件、饲养管理条件及品种决定其大小。随着雏鸡的日益增大，每只鸡所占的地面面积也应增加，具体密度可参考表 7-10。在鸡舍设施情况许可时尽量降低饲养密度，这有利于采食、饮水和肉鸡发育，增重更加一致。

在注意密度的同时，需考虑到鸡群的大小，一般每群的数量不要太大，小群饲养效果好。现代化养鸡一般群体大小为 2500～3000 只。这与管理能力有关，能力强则可大一些。

表 7-10　不同日龄、不同体重雏鸡饲养密度

日龄	每只鸡体重(千克)	每平方米饲养数	每平方米体重(千克)
1～7	1.4	18	25.2
8～14	1.6	16	25.6
15～28	1.8	14	25.2
29～42	2.0	12.6	25.2
43～56	2.2	11.5	25.3

淘汰　为了保持鸡群整齐度，生长出优质产品，提高经济效益，必须对鸡群实行优选。淘汰时应注意以下几点：

①死亡率高度集中期间每天进行淘汰。

②前 3 周进行严格淘汰。因为此期间淘汰容易且更具有经济价值，3 周以后的淘汰应当在出现淘汰征候时才进行。

③对于离群病雏，应经周密检查证实后进行淘汰。

④当雏鸡一出现趴关节扭曲或瘫痪，就将其淘汰，以免消耗大量饲料。因为这些鸡只通常发展成胸囊肿，使胴体几乎降低 2 个等级。

⑤患有慢性病的鸡只是传染的根本源泉，它影响其他鸡体的健康，必须淘汰。对于并不离群独立的慢性病鸡应进一步检查，这些鸡只可通过与其他健康鸡比较所表现出的抑郁或嗜眠来加以识别，它们通常脚部冰凉，腿和喙缺少色素，眼睛迟钝，冠髯苍白。

⑥有物理性损伤或羽毛明显缺乏的鸡只也应淘汰。这些鸡容易发生葡萄球菌、大肠杆菌等感染。

高温季节的管理 高温季节下饲养肉仔鸡必须予以高度重视，否则将导致不可估量的经济损失。具体管理办法如下：

①每天应尽早开动通风、降温设备或打开所有门窗，在鸡感到过热之前提高通风量，以尽可能降低禽舍温度。

②如果肉仔鸡舍内装有喷雾系统和降温系统，需要时可早些打开，以预防超温中暑。

③确保所有的饮水器功能正常。降低饮水器高度，增加饮水器水量并供给清洁凉水。

④当鸡群出现应激迹象时，基本的方法是在鸡舍内不断地走动，以促进其活动或适当降低饲养密度。所以，鸡舍内一定要有人。并经常对饮水器、风扇和其他降温设备进行检查，以防出现故障。

⑤高温到来前24小时，在饮水中加入维生素C，直至高温气候过去，维生素C剂量为0.005%。

⑥在热应激期间及之后不久，饮水中要使用电解质。内部屋顶采取隔热措施，并且将屋顶涂成白色来反射热量。

特别提示

在实际生产中，育雏以每周递减3℃的降温速度较适宜。舍内要保持干燥，舍内空气新鲜和适当流通是养鸡的重要条件。另外，还应根据鸡的日龄确定光照强度和饲养密度。

46 如何配置育成期肉鸡的饲料?

根据育成鸡的营养需要，由雏鸡饲料改用育成鸡饲料。参照爱拔益加鸡营养标准配制的饲料配方如表7-11。在从雏鸡饲料改为生长鸡饲料时要逐步改换，应有1周的过渡期，以防应激造成不良后果。

表7-11 7~19周龄种鸡饲料配方

饲料种类	含量	营养成分	含量
玉米	64.50%	代谢能	11.94兆焦/千克
豆粕	15.00%	粗蛋白质	16.00%
进口鱼粉	3.00%	钙	0.92%
麸皮	13.50%	有效磷	0.46%
贝壳粉	1.20%		
磷酸氢钙	1.50%		
食盐	0.30%		
复合添加剂	1.00%		

47 限制饲养有什么好处?如何对育成期肉鸡进行限制饲养?

限制饲养的目的是为了使鸡体重标准、整齐度高、健康结实、发育匀称、适时开产，并提高产蛋率和种蛋的受精率，降低产蛋期的死亡率。育成阶段的阶段饲养工作细致的程度，决定着产蛋峰脊的高度。

限制饲养的方法有限质、限量两种，目前多采用限制食量的方法，但必须保证饲料营养充分。限制饲养方案有每日、隔日、5·2制限饲和上述几方法综合使用。无论采用哪种方案，都可以取得成功。具体实施时查明出雏时间，根据称测的体重变化、鸡群数量调整饲喂量。

48 育成期肉鸡的进食量如何确定?

每周的饲料进食量多少应根据每周全群的平均体重来决定。另外，还要考虑饲料的种类、气候、应激因素和环境条件等各种因素的影响，使鸡群的实际体重与标准体重相一致。当体重超过标准时，千万不要急于突然地大幅度减少饲料量，要继续保持上周的进食量，使鸡的生长速度比所建议的生长速度慢一些，鸡群逐渐达到标准体重。当鸡群体重在标准以下时，就要适当增加进食量2~3克/羽·日或喂给下周的进食量，以使鸡的体重增加得快些，最后达到标准体重。

当发现鸡群的整齐度太差时，须马上将全部鸡称重，依照体重分成几个等级分别饲养，将超标的维持上周饲料量；不达标的增加饲料量，喂下周饲料量。如果这段时间内个别鸡只有变化时，须随时调整，达到标准体重的鸡只拿到标准栏内。

当天气炎热时，要在较凉快的时间饲喂。鸡群生病时改为自由采食，待恢复健康后再行限制饲喂。

49 为什么要测定标准体重和均匀度?

所谓标准体重即是为了充分发挥某品种鸡的生产性能而确定的指标，并希望所有的鸡只都能达到这个指标。平均体重的测定是根据品种的要求确定的，以便及时调整饲养管理措施。称重是计算鸡群均匀度的第1个步骤，要求每周称重1次。参加称重的鸡不仅要保证有相当的数目(每栏称重10%的个体；若不分栏，也不能少于5%的个体，但数目不能少于100只)，而且还要有代表性。为此，一般先把栏内的鸡徐徐驱赶，使舍内各区域鸡只以及大小不同的鸡只能均匀分布，然后在鸡舍的任一地方随意用铁丝网围大约需要的鸡数，并将伤残鸡剔除之后，对剩余的鸡逐个称重登记，这样就能保证抽样鸡只的代表性。

①体重测定的时间。应安排在每周的同一天、同一时间鸡空腹时进行，最好安排在停料日进行称重。执行限制饲养隔日限喂或每喂两天停喂 1 天时，不可能每个星期的同一天都是停喂日，遇到这种情况时，就应将称重的时间安排在早晨喂料前进行，即使遇上喂料日，也能保证空腹称重，待称完体重后喂料。

②均匀度的计算。鸡群的均匀度是指群体中体重落入平均体重 ±10% 范围内的鸡只所占的百分比。例如，艾维茵 18 周龄体重平均 1810 克，±10% 的范围为 1629 ~ 1991 克。检查结果，在 3000 羽中抽 5% 的 150 羽中，体重在 1629 ~ 1991 克范围的鸡有 122 羽，检抽总数的(122 ÷ 150) × 100 = 81.3%，该鸡群的均匀度在 77% ~ 83% 范围，按要求均匀度是相当好的。如达到 84% ~ 90% 的均匀度是极好的；如均匀度在 70% ~ 76% 则为合格。如抽测体重低于下限 5%，则下周采食量应在 151 克的基础上增加 5% 的喂料量。为 151 + (151 × 15%) = 158.5 克。待鸡群体重符合要求再按标准饲喂。

特别提示

鸡只应该逐渐增重。体重忽高忽低影响产蛋性能。

50 为什么要饲喂整粒饲料及沙子？

用隔日饲喂法饲养的鸡群，在停料日喂给少量的粒料，如玉米、大麦粒等，以维持其正常的胃肠生理功能。在平养鸡舍饲喂这种种粒料时，每 100 只鸡(如爱拔益加)喂给 0.45 千克。

沙子的饲喂一般从 7 周龄开始，每周 100 只鸡喂给 0.454 千克的沙子，一般用吊挂式饲槽或撒在垫料上，让其自由采食。部分养鸡户对此疏忽引起代谢病的发生，应予重视。

51 如何进行鸡的饮水管理？（视频 17）

每只鸡的饮水槽位置不能少于2.5 厘米，并根据鸡背高度及时调节水槽高度，做到每天清洗水槽，定期消毒。为了保持垫料的干净，一般采用限制饮水方案。在喂料日喂料时饮水，然后隔2~3 小时供给1 次饮水，每次饮水时间约20 分钟。在断料日每天供水3~5 次，每次饮水20 分钟左右。这个饮水方案依鸡群健康状况及环境温度条件而异。在环境温度上升到30℃时，饲料量和饮水量的比例为1∶2。天气比较炎热或鸡群受到应激作用后，要停止限水方案。

52 育成鸡的饲养管理要注意哪些事项？

每周龄的鸡群数一定清点准确；饲料量一定要准确；饲喂时间要固定，不能随意变更。在人工喂料时，给料要迅速，料的厚度均匀。为防止鸡只吃料不均，可以用升降的办法调整料槽。即先把料槽持起，添匀饲料，然后同时降落料槽；或者夜间将料槽添上饲料，用料槽盖盖上，待白天喂料时同时将料槽盖拿掉，让鸡同时吃料；或者将料槽拿到操作间添上饲料，同时将一个围栏内的饲料放入鸡群，这样逐个围栏饲喂。如果是机械送料，要使机器在喂料时连续运转，直到所有的鸡吃完为止。每天的饲料量要一次投给。喂料的次数多，鸡只采食不均，强者吃料多，弱者吃料少，鸡群的均匀度差。因此，喂料器具按要求备足。

雨天的应激难以消除，但气温、湿度等可以人为控制，减少影响。至于鸡只的拥挤、捕捉、搬运、剪嘴、注射、更换饲料时间、变动光照、变动饲料等人为的应激应尽力避免或减少。在进行上述工作前1~2 天，养鸡户及单位可在饲料中增添多种维生素C用量，或添加安定剂或镇静剂。14 周龄前的育成鸡日粮中，应含有抗球虫病的药物。

当鸡群发生疾病或受到严重应激作用时，为了使鸡群早日恢复健康，暂停限制饲喂。待鸡群恢复正常后，再实施限制饲养制度。限制饲喂前，将病弱鸡挑出来，不参加限饲。限制饲养同控制光照制度相结合，效果更好。

育成期的管理要注意以下几个方面：

饲养密度 在平养鸡舍内，每平方米3.6只鸡；部分网上平养和地面散养每平方米4.8只鸡。

料槽位置 每只鸡占据料槽位置15.2厘米，固定位置便于就近采食。料槽间距不能超过3厘米。

光照计划 要根据出雏日期、鸡舍类型等制订切实可行的光照计划。因为鸡的性成熟及产蛋受光照时间的长短、光线频率的大小及光照强度的影响。光照时间延长，性成熟越早；光照时间短，性成熟就延迟。鸡舍内光照强度每平方米2.7瓦，灯泡要分布均匀，保持清洁。开放式鸡舍养的鸡选用哪种光照制度，由孵化日期来决定。根据雏鸡出生月份，然后横向看过去，可以找到相应的光照要求。对密闭室无窗鸡舍饲养的鸡群，从出壳到17周龄每天光照8小时，18周龄起每周增加1小时，一直增到16～17小时/天止。由密闭式鸡舍转到开放式鸡舍饲养起，从15周龄起补加光照到自然光照时间相同为止。人工补加光照，一般安排在早、晚两头补光。

种公鸡的选择 种公鸡第1次选择时间在6～8周龄。选种要求是：体重大，活力强，无外伤及未发生任何传染性疾病；脚趾与腿必须挺直，强健，同时具有良好的平衡及运动能力；背部平直、长而宽阔；胸部深，体躯宽大，龙骨长而直，羽毛丰满；头及嘴强健，肉垂与头成比例，眼睛明亮。剔除鉴别错的公鸡。种公鸡的第2次选择时间在18周龄前。每100只母鸡配12只公鸡。若采用人工授精技术，种公鸡选留数量按1∶20～25只性比。

特别提示

当雏鸡生长到6周龄时，机体各系统器官的机能如体温调节、消化机能等基本健全，雏鸡开始脱温，采食量增加，骨骼和肌肉的生长都处于旺盛时期，机体本身对钙质沉淀积累能力有所提高。母鸡12周龄以后，性器官的发育尤为迅速，对环境条件和饲养水平非常敏感。此时，饲养管理水平在一定程度上决定了将来种鸡的生产性能高低。因此，保证生长鸡的骨骼和肌肉系统的充分发育，严格控制性器官的过早发育，对提高开产后的生产性能十分重要。

53 产蛋期间的肉鸡如何饲养？

营养需要 根据产蛋期的营养需要，从20周开始，经过1周的过渡期，逐渐改喂种鸡饲料。产蛋期的营养需要与配方如表7-12。

表7-12 20～67周龄种鸡饲料配方

饲料种类	含量	营养成分	含量
玉米	61.00%	代谢能	11.50兆焦/千克
豆粕	20.00%	粗蛋白质	17.00%
进口鱼粉	3.00%	钙	3.10%
麸皮	5.50%	有效磷	0.50%
磷酸氢钙	1.70%		
贝壳粉	7.50%		
食盐	0.30%		
复合添加剂	1.00%		

注：鸡群20～24周龄时贝壳粉为3.4%，剩余部分用小麦麸代替。

饲喂量及饲喂时间、次数 产蛋期的饲喂量主要按产蛋情况来决定。产蛋量高，饲喂量多；产蛋量少，饲喂量也少，不再依体重作为饲喂的标准。如果饲喂量掌握不好，会严重影响母鸡的生产性能，特别是产蛋高峰前期的饲养非常重要，母鸡初产后，应逐步增加饲喂量，一般每只鸡在120~130克的基础上递增2~3克。当鸡群产蛋达50%、年龄达28~29周龄时，喂给高峰期饲料量165~170克。如果此时鸡群还能吃进饲料的话，可以再多喂一点，达到175克，目的是提高产蛋率，但饲喂量不能一下子增加得太多。否则过多的营养转变成脂肪，堆积于体内，造成减产。不同的品种饲喂标准各有差异，应参照该饲养品种的要求，美国爱拔益加鸡产蛋、孵化成绩如表7-13。

表7-13 爱拔益加父母代种鸡产蛋、孵化成绩

周龄	产蛋周龄	产蛋							
		饲养日产蛋率（%）	入舍母鸡累计（枚）	平均蛋重（克）	入舍母鸡产合格蛋（枚）	每只入舍母鸡产合格蛋（枚）	入蛋孵化率（%）	入舍母鸡周产雏数（%）	累计入舍母鸡产雏（只）
25	1	5	—	—	—	—	—	—	—
26	2	20	2	51.3	0.3	—	75	0.2	—
27	3	38	4	53.5	1.2	1	78	0.9	1
28	4	55	8	54.3	2.6	4	82	2.1	3
29	5	74	13	56.7	4.5	9	84	3.8	7
30	6	82	19	57.3	5.2	14	86	4.5	12
31	7	85	25	57.9	5.7	25	88	5.2	17
32	8	86	31	58.5	5.7	31	90	5.2	22
33	9	85	37	59.1	5.7	31	90	5.1	27
34	10	85	42	59.7	5.6	37	91	5.1	32
35	11	84	48	60.3	5.6	42	91	5.1	37
36	12	84	54	60.9	5.6	48	90	5.0	42
37	13	83	60	61.5	5.5	53	90	4.9	47

（续）

周龄	产蛋周龄	产蛋							
		饲养日产蛋率（%）	入舍母鸡累计（枚）	平均蛋重（克）	入舍母鸡产合格蛋（枚）	每只入舍母鸡产合格蛋（枚）	入蛋孵化率（%）	入舍母鸡周产雏数（%）	累计入舍母鸡产雏（只）
38	14	83	65	62.1	5.5	59	90	4.9	52
39	15	82	71	62.7	5.4	64	89	4.8	57
40	16	81	76	63.3	5.3	69	89	4.7	66
41	17	80	82	63.8	5.2	74	89	4.6	66
42	18	79	87	64.3	5.1	80	88	4.5	71
43	19	78	92	64.8	5.1	85	88	4.5	75
44	20	77	97	65.3	5.0	90	88	4.4	79
45	21	76	102	65.7	4.9	95	88	4.3	84
46	22	75	107	66.1	4.8	99	87	4.2	88
47	23	74	112	66.5	4.8	104	87	4.1	92
48	24	73	117	66.9	4.7	109	87	4.1	96
49	25	72	122	67.3	4.6	113	86	4.0	100
50	26	71	126	67.7	4.5	118	86	3.9	104
51	27	70	131	68.1	4.4	122	85	3.8	108
52	28	69	135	68.4	4.4	127	85	3.7	111
53	29	68	140	68.7	4.3	131	84	3.6	115
54	30	67	144	69.0	4.2	135	84	3.5	119
55	31	66	148	69.3	4.2	139	83	3.4	122
56	32	65	153	69.5	4.1	143	82	3.3	125
57	33	64	157	69.7	4.0	147	82	3.3	129
58	34	63	161	69.9	3.9	151	81	3.2	132
59	35	62	165	70.1	3.9	155	81	3.1	135
60	36	62	169	70.3	3.8	159	80	3.1	138
61	37	61	173	70.5	3.8	163	80	3.0	141
62	38	60	176	70.7	3.7	166	79	2.9	144
63	39	59	180	70.9	3.6	170	79	2.9	147
64	40	58	184	71.1	3.6	174	78	2.8	150
65	41	57	187	71.2	3.5	177	77	2.7	152
66	42	56	191	71.3	3.4	181	77	2.5	155

试探性增减喂量 当初产母鸡产蛋上升停止时，可以用试探的方法探明是否达到产蛋高峰。方法是每 100 只鸡再加喂 230 克饲料，一直喂到第 4 天时观察产蛋率。如果产蛋率有所增长，则按增加的饲喂量喂下去；如果无反应，须马上恢复到原来的饲喂量，以防浪费饲料和营养过剩造成体重过大。当鸡群产蛋量下降时，也可用此法增加饲喂刺激。

当鸡群产蛋高峰过后，产蛋率呈现正常的下跌，此时可试探性地减少饲喂量，每只鸡每天减少 2.5 克，即每 1000 只鸡每天减少 2.5 千克。到第 4 天时观察，若发现产蛋量下降超过正常的下降速度，须马上恢复原来的饲喂量，以免降低生产性能；如果处于正常的产蛋下降，则维护到减料的饲喂量，以节省饲料。以上两种方法可以重复使用，但应激时不能使用。此外，要保持鸡群的高产稳产，必须稳定饲料的种类和饲料的营养成分，即使是同种饲料，产地或品质不同，也会影响产蛋率。如果饲料搭配不均匀，虽然饲料配方比较合理，也会影响产蛋量。

新的肉种鸡饲养方法 采用新的喂料方法，能使种蛋的受精率提高 10% 左右，每只种母鸡多繁殖后代 3～5 只。

采用公、母鸡单喂饲养方法。如料桶式喂料，公鸡的料桶吊得高（母鸡吃不到公鸡的饲料），饲料中的粗蛋白质含量较低，为 13%（配种期间）。母鸡的料桶用网隔离，网眼大小只能使母鸡的头通过并吃到饲料，公鸡由于有较大的冠，其头部不能进入网内吃料。

饮水 每只鸡的饮水槽位置不少于 4 厘米，要求饮水清洁卫生，水槽每天清洗 1 次，每周消毒 2～3 次。产蛋期要适当限水，目的是为防止大量饮水，引起拉稀。在喂料前后给水各半小时到 1 小时，晚上给水 1 次，每天饮 4 小时，而夏天要增加饮水时间。当气温在 30℃以上时，停止限水。

54 产蛋期的肉鸡如何管理?

饲养密度 产蛋期的饲养密度由不同品种和不同的饲养方式来决定。地面散养时中型品种一般为 4 只/平方米，重型品种 3.6 只/平方米；网上平养时，中型品种 5.5 只/平方米，重型品种 4.8 只/平方米。

料槽位置 不同的品种有不同的要求，但基本上要求在喂料时所有的鸡只都能同时吃料。现代饲养的重型肉种鸡，每只最少要有 10～25.2 厘米的采食位置。如用饲料传送机喂料，每只鸡要有 10 厘米的采食空间；如用饲料吊桶喂料，每 100 只鸡要有 5 个大型吊桶。料槽或吊桶的高度应与鸡背高度一致以保持饲料的清洁和防止浪费。喂料设备要在整个鸡群内分布均匀。为了防止细菌的繁殖，料槽或吊桶每周进行清洗消毒。

产蛋箱 鸡群生长到 18 周龄时，就要把准备好的产蛋箱放入鸡栏内，让其熟悉环境，在预计开产前 1 周将产蛋箱门打开，但夜间要关闭，以防母鸡进入其内休息而弄脏箱内的垫料。为了保持种蛋的清洁，产蛋箱内的垫料要随时更换，保持清洁卫生。要求每 4 只母鸡设 1 个产蛋箱。

光照 产蛋期的光照直接影响到产蛋量。所以，要求足够的光照时间和光照强度，并且光照均匀。灯泡要安装合理，定期擦拭，以免影响光的亮度。坏了灯泡要及时更换。产蛋期的光照时间要恒定不变，不可减少，最好安装自控钟表。

特别提示

产蛋期间的饲养管理好坏与种鸡的生产性能有直接的关系。其主要任务是充分发挥饲养人员的主观能动性，加强责任心，采取科学的饲养管理技术，努力创造适宜的环境条件，有利于鸡群高产稳产，使鸡的遗传潜力充分表现出来，提高种鸡的经济效益。

55 肉鸡的四季管理各有哪些不同?

冬季 冬季天气寒冷，气温低，光照时间短。因此，冬季的管理要点是保温防寒，舍温不低于10℃。保温防寒的措施：有条件的设取暖设备。如安装热风炉，舍温在17～20℃；条件差的鸡场将鸡舍的门窗（特别是北面窗）用塑料膜钉好，或用草帘遮挡。地面散养时加厚垫草。如果采用机械通风要减少通风量，通风量大小及时间长短视舍内气味和温度而定，一般不超过半小时。地面散养的开放式鸡舍应根据天气好坏放鸡，气温太低时不宜放鸡。要求放鸡要晚，进宿要早。在早晨放鸡时，先将少量窗子打开，待舍内外温差不大时放鸡。冬季下雪后，要及时清扫，防止鸡吃雪，影响产蛋。冬天气温低，鸡体散热量大，要提高日粮中的能量水平。冬季早晚要补加人工光照。保持与其他季节相同的光照时数。

春季 春季气候逐渐变暖，日照时间延长，是鸡产蛋量回升阶段，又是微生物大量繁殖季节。所以，春季的管理要点是提高日粮中的营养水平，满足产蛋的需要。产蛋箱要足够，逐步增加通风量；勤换舍内的垫草或经常清粪；搞好卫生防疫和免疫程序。同时，抓好鸡场内的绿化工作。

夏季 夏季气温高，日照时间长，管理要点是防暑降温，促进食欲。当气温超过27℃时，鸡饮水增多，食欲下降，影响产蛋。此时安设湿帘，纵向通风，能降温5～7℃；鸡舍内喷水或屋顶喷水，能降低舍温2～3℃；鸡舍周围多植树，多种瓜、藤之类植物，最好植物叶茎能覆盖屋顶，减少太阳的辐射热，室温可降低1～2℃；调整饲料的能量水平，使每千克饲料含10.87兆焦左右，粗蛋白质水平提高1%～2%；加强通风换气，夏天换气量大约为冬天的4倍；保证充足的清凉饮水；夏季舍温最好控制在27～30℃。

秋季 秋季日照时间逐渐缩短，天气渐凉，鸡群开始休产、换羽，产蛋期可延长6~8个月。如果老龄鸡不再饲养，并有新母鸡顶替，最好在更新前1月淘汰不产蛋或早期换羽的鸡。为提高产蛋量，光照时间要延长1~2小时。早秋仍然天气闷热，再加上雨水大、温度高，易发生呼吸道疾病。因此在白天要加大通风量，降低温度；饲料中要经常投放药物，防止发病。

特别提示

肉鸡四季管理的要点包括：冬季应保温防寒，春季要提高日粮中的营养水平，夏季要注意防暑降温，秋季要延长光照时间，并预防疾病。

56 肉鸡的日常管理有哪些环节?

定时喂料 根据产蛋水平，清点鸡数，准确称取饲料，将一天的喂料量一次喂给，早上5~6时喂料。喂料要均匀。

观察鸡群 观察鸡群精神状态，有无疾病，粪便的变化，采食及饮水情况；观察设备、水槽有无漏水现象等。若发现异常及时采取相应措施。

经常拣蛋 为减少蛋的破损及污染，要及时拣蛋，每2小时拣蛋1次。同时做好种蛋标记，防止品系间混乱。

种蛋消毒 每2小时1次将拣出的种蛋用福尔马林或高锰酸钾熏蒸消毒，以减少污染。消毒过的种蛋，应及时送往贮蛋室保存。

经常通风 根据舍内不良气味的大小和温度、湿度高低，要经常通风，保持舍内空气新鲜，有良好的环境条件。

经常清粪 为减少舍内的氨气，要经常清除粪便，一般每天1次，不要间隔时间过长。

垫料管理 鸡舍内的垫料每天都要松动1次，防止垫料板结，并经常添补围栏垫料。特别是水槽或水塔周围垫料，易被水弄湿，若不及时更换，易产生霉菌。产蛋箱内的垫料也要经常更换，以保持种蛋清洁。

卫生消毒 保持舍内清洁卫生，经常清扫。对设备、墙壁和地面要定期消毒，如用0.1%的新洁尔灭或石灰水喷洒等。鸡舍门口要有消毒设施。

喂给贝壳、沙子 当产蛋达到5%后，每周每100只鸡供给直径4~6毫米的贝壳，任其自由采食。同时按育成量供给沙子。

准确记录 记录产蛋数、喂料量、温度、湿度、死亡淘汰数、异常情况等。要求记录准确，其中最重要的是每天采食量的变化。当采食量减少时，要马上找出原因，及时解决问题，以免影响产蛋。

特别提示

肉鸡的日常管理主要体现在诸多细节上，包括喂料时间、拣蛋时间、种蛋消毒、卫生消毒等方面，另外，对饲养过程中的各种情况要详加记录，从而提高产蛋率。

57 肉用仔鸡增重有特殊喂法吗?

喂利血平法 在肉用仔鸡(以下简称仔鸡)饲料中添加2~3毫克/千克利血平或其他限制性运动药物，通常可提高增重10%~12%，饲养周期可缩短3~4天。因为通常中枢的抑制作用，可使鸡处于安静状态。由于活动减少能量消耗降低。最终达到催肥增重的目的。在长途运输或其他应激条件下，则可以避免仔鸡体力过分消耗，防止骚动和外伤，降低运输或应激造成的伤残、死亡、失重等损失，还可使仔鸡安全度过高温季节，降低其能量消耗，提高增重。

喂油脂法 脂肪可供给动物机体大量的热量，产生卵脂及形态体脂。其热能比重量的碳水化合物高2.25倍，特别是植物油含脂溶性维生素较多。仔鸡生长速度快，日粮配合要注意碳水化合物、脂肪、蛋白质等营养物质的平衡。特别是能量蛋白质化。蛋白质和能量都高的日粮对仔鸡生长是有利的，而高能饲料更有利于增重。因此，在仔鸡日粮中加入油脂4%～6%，可提高增重10%以上。

喂稀土法 稀土的促进生长、健康效应在于它有沉淀毒素和抗营养素因子的作用。因为稀土离子是带正电荷的重金属离子，它与带负电荷的阴离子毒素的抗营养因子易发生络合而沉淀，从而消除对动物的不利影响；稀土粒还具有粘着性，特别易被纤维素吸附，这样便集中了正电荷，而提高了肠液的电位差，从而又络合大量阴离子毒素的抗营养因子，并随纤维素排出体外；同时又相对地减少了纤维素对其他营养物质的吸附所带来的损失。所以在仔鸡的基础日粮中添200～400毫克/千克的稀土，平均日增重可提高12.44%～12.77%，饲料效率提高12.02%～12.83%，千克增重节约饲料0.42～0.43千克，饲养周期可缩短4～5天。

喂抗生素法 选用大碳霉素、魁北霉素、盐霉素、莫能菌素等在胃肠道几乎不吸收的抗生素喂仔鸡，添加90～110毫克/千克饲料，一般增重可提高7%～15%，饲料转化率可提高6.6%～15%，并且不存在残留影响健康的问题。抗生素促生长、保健使用，是在于它有削弱小肠、盲肠等消化器官有害微生物的作用，特别是在卫生不好，粗放的地方，这一效果尤为明显；对某些致病菌有抑制和杀灭作用，可使仔鸡抗疾病的能力增加，有预防和治疗细菌性传染病的作用，从而避免这些疾病对仔鸡的不利影响；抗生素可使肠壁变薄，更有利于养分，特别是无机盐的渗透和吸收，提高饲料利用率，有增进食欲，提高采食量达到多吃食长得快的目的；抗生素还可刺激脑垂体分泌生长素，促进仔鸡生长发育。若选用其他能吸收的抗生素，则应在上市前 1 周停药，以避免残留。

喂食欲增进剂法 这类饲料添加剂能掩盖饲料中仔鸡不适的气味和味道，增加适口性和诱食性，提高饲料的品位。保证在炎热、运输等应激条件下有足够的采食量，防止因挑食造成的饲料浪费，增加增重效果，缩短饲养周期。

鸡的食欲增进添加剂常用的有：谷氨酸钠(味精)、食糖、红辣椒粉、大蒜、食盐及柠檬酸、琥珀酸等有机酸及其盐类。谷氨酸钠有浓郁的鲜味，在仔鸡饲料中添加0.1%可明显促进仔鸡的食欲，达到多吃食、生长快的目的。用发酵法生产的味精残渣，经处理后加入仔鸡饲料，除有鲜味作用外，还含有大量菌丝蛋白，可改善饲料的品味，同时又利用了味精工业废品，减轻环境污染。雏鸡出壳后 15 小时内，饮用 8% 的食糖水，可使死亡率显著降低。在仔鸡饲料中掺入 5% ~8% 的食糖，可提高饲料的能量食量和适口性，促进仔鸡采食。在仔鸡饲料中添加 0.6% ~1% 的红干辣椒粉，能刺激胃肠蠕动和分泌，增进食欲，提高增重，红干辣椒粉中含有较多的类胡萝卜素物质，还能使仔鸡的皮肤、下皮脂肪呈橘黄色而提高商品等级。每 100 克鲜蒜中含有蛋白质 4.4 克、碳水化合物 19 克、脂肪 0.2 克、钙 5 毫克、磷 44 毫克、铁 0.4 毫克、V_{B1}0.24 毫克、V_{B2}0.03 毫克、V_C3 毫克以及 0.2% 的挥发油与大蒜素等。在饲料中添加 1% ~2% 捣烂的大蒜或 0.2% ~0.3% 的蒜粉，不仅能增补营养，而且其浓烈的蒜味能促进食欲。大蒜素有杀菌、防下痢作用，减少消化道病的发病率。大蒜还能改善鸡肉的品位，因为配合饲料中构成鸡肉香味的主要成分物质 $-C_3H_5-SO$ 基团较为缺乏，而大蒜中含量较多。有机酸或其盐类在饲料中添加 0.5% ~0.7%，可提高饲料适口性，促进食欲降低仔鸡胃肠道的 pH 值，减少细菌对营养的消耗，提高消化能力，促进生长发育。食盐在鸡饲料添加 0.2% ~0.5%，其咸味增进食欲，并提供仔鸡需要的氯和钠构成胃酸，维持体液平衡。

采用颗粒饲料饲喂 颗粒饲料是全价配合饲料加上粘合剂经颗粒饲料机压制而成。颗粒大小多种多样，能适合小雏、中雏及后期肥育仔鸡的需要。其优点是仔鸡进食营养全面，比例稳定。

特别提示

仔鸡增重是提高养鸡效益的直接途径。可通过加喂一定量的利血平、油脂、稀土、抗生素或食欲增进剂等增加肉鸡重量。

58 如何利用塑料大棚饲养肉仔鸡？

塑料大棚养肉鸡的特点

塑料大棚养肉鸡一次性投资少，资金周转快，而且能大批量饲养 例如建10米宽、30米长的大棚舍仅投资2000元左右，而该面积按每平方米饲喂8～10只计算，可饲喂2400～3000只肉鸡，每只鸡占资金0.7～0.8元，这样饲养一次就能收回成本并略有利润。

保温性能好 由于塑料的隔离性能、密封性能良好，能有效地阻隔热量的散失。另外，大棚的高度较低，相对面积较小，因而也易升温。在设计时还可将大棚做成双层或3层，利用空气隔热。同时由于塑料透光性好，利于光照增温。

通风性好 由于塑料大棚底部两侧的棚底里边纱网是固定的，外面的塑料又可以放开或封闭，育雏时为升温可封闭，为增加通风可放开两侧近半米的塑料，这样禽舍内可以经常保持干燥和新鲜的空气。

塑料大棚的结构和类型

塑料大棚形状 拱形，一般棚顶封好，然后用铁丝接紧拴到地下，如将棚做成双层，棚的上半部铺一层碎麦麸，最上层用沥青将油毡固定好。

棚顶的要求　上棚要留有风帽，风帽的直径为25~30厘米。通风时打开。为利用夏季通风，棚底应设里死(里面用白纱网固定)外活(外面的塑料保温时固定，通时敞开)两层。

大棚养鸡的饲养管理

地面垫草饲养　大棚搭好后先整平、压实地面，后铺上一层塑料，其上再铺一层垫草。

架养　地面整平后搭设竹竿架，架上铺1.5厘米×1.5厘米规格的鸡网。

饲养前的准备工作有以下几项：

①铺好垫料或搭好网。

②安装好照明灯。

③消毒。先用浓度3%~5%氢氧化钠溶液喷洒，后用甲醛和高锰酸钾混合熏蒸。

④备好饲料、药品、疫苗等。

⑤舍内升温，提前1天升到34~35℃，等待接雏鸡入棚。

饲养管理主要有：

①温度：第1~3天舍内温度为34~35℃，一周之内下降到30℃，以后每周降2~3℃，到21龄时以稳定在21℃为宜。但要“看鸡施温”。

②湿度：以50%~65%为宜。湿度过高易使鸡患病，过低引起鸡皮肤干裂和啄毛。

③光照：肉仔鸡的光照以5~120勒克司为好，不要过强，否则使鸡兴奋造成啄癖和饲料消耗过大。1周之内全光照，1周后可采用5小时光照、1小时黑暗的间隔光照法。

④饲养密度：1周龄内每平方米可饲养肉鸡30~40只，育成鸡每平方米可饲养8~10只。饲喂时，雏鸡可先在大棚的一端饲喂，然后根据生长情况逐渐由局部扩展到全棚。

⑤饲喂肉仔鸡要用配合饲料。

特别提示

传统方法饲养肉仔鸡，因房舍的限制很难较大规模饲养，如大规模饲养需要一次性投入大量资金。塑料大棚饲养仔鸡，一次性投资比较少，易于在数量上上规模、上档次，有利于冬季加温、夏季通风。

鸡病防治

鸡病防治重在预防，预防不仅能减少不必要的开支，还可简化养殖程序，提高经济效益。在鸡发病时，应科学、合理地及时用药治疗，重要的是安全用药和正确用药。各鸡场和专业户都应根据具体情况，并参照停药期的规定和正确的使用规则安全用药；药物不可多用、滥用，更不可在鸡舍卫生状况不良的情况下使用。

在目前的现代化养鸡生产中，免疫接种工作是防疫工作中重要的一环。但诸多养殖户在免疫接种时因忽略许多应当注意的问题，造成免疫失败，给自己带来不必要的损失。因此，制定科学的免疫程序，使用合理的接种方法是免疫接种工作的关键。

59 如何采取综合措施防治鸡病？（视频18）

加强饲养管理 疫病的发生多数是饲养管理不当或防疫制度不严造成的。因此必须加强饲养管理，提高饲养管理水平。合理地调配饲料，使饲料多样化，并含有鸡正常生长发育所需要的营养物质。要严禁饲喂霉败饲料，以防中毒及发生霉菌性疾病。饲喂要定时定量，防止时饥时饱。

鸡舍内光照要适当，通风良好，经常保持干爽。舍内应保持适宜温度，不可骤然变温，幼雏期尤应注意。鸡舍和运动场要合理利用，饲养的密度适宜，以保证鸡群的健康发育。对病、弱、残鸡要严格分群，隔离饲养。科学的饲养管理，可以增强鸡的机体抗病力。

搞好鸡舍卫生 鸡舍、运动场每天要清扫，垫草要勤晒、勤换，地面要保持干燥，防止潮湿积水。粪便和垫草应集中堆放在离开鸡舍较远的地方，上面加泥覆盖，使之自然发酵，产热杀死粪便中的病原菌和虫卵，再作肥料使用。

鸡舍和用具要定期消毒，这是预防和消灭传染病的重要措施。消毒的方法，有阳光消毒、火焰消毒、煮沸消毒和药物消毒等，可根据不同的消毒对象和实际条件来选用。药物消毒时可用0.2%～0.3%过氧乙酸溶液喷雾、2%～5%漂白粉混悬液、10%～20%生石灰乳剂、10%～20%草木灰热溶液喷洒；鸡舍和孵化器、种蛋可用福马尔林熏蒸消毒（按每立方米福尔马林14毫升，加高锰酸钾7克、水7毫升的比例放于瓦盆中，将室内密闭熏蒸24小时）；器械用具消毒或工作人员洗手可用2%～5%来苏儿溶液、0.1%新洁尔灭溶液等，消毒池可放1%～3%的火碱液；饲槽、饮水器等饲喂用具，除每天洗刷保持清洁外，每2～3天用0.2%～0.3%过氧乙酸浸洗消毒1次。

定期做好免疫接种工作 免疫接种是将疫苗或菌苗经一定途径接种于鸡体，使鸡在不发病的情况下产生免疫力，从而在一定时期内对某种传染病具有抵抗力。关于鸡免疫接种的技术和要求后面我们还要详细介绍。

加强检疫工作 鸡的传染病往往因运输、买卖或屠宰病鸡而传播流行，因此必须加强检疫工作，以防传染病的发生与流行。

引种检疫 养鸡场要坚持自繁自养的方针，这样既有利于防病，又可节省开支。若确实需要从外地引种时，应引种蛋，而不宜直接引入种鸡，以免带入病原。因为种蛋表面便于消毒，其包装也可以消毒或全部销毁。引种时，首先要了解该地区（或国家）的疫病情况，严禁从疫区引入种蛋或种鸡。新引进的种蛋须在隔离检疫室熏蒸消毒，孵出的雏鸡经检查合格后，方可转入鸡场饲养。若直接从外地引入种鸡，必须将引进的种鸡单独饲养，专人管理，经隔离观察 15 天证明无病，并补注疫苗后，再合群饲养。一般隔离检疫期间，不接种疫苗。

种鸡场与孵化场的检疫　要防止鸡白血病、沙门氏菌病和霉形体病等经由种蛋垂直传递的疫病，必须先净化原种鸡场和种鸡场。因此，应按照国家及本地区的有关规定进行检疫，制定消灭鸡白痢沙门氏菌及霉形体的规划。对原种鸡群和种鸡群要逐只检疫，根据血检结果，淘汰阳性鸡，并把阴性鸡饲养在经严格消毒、隔离的鸡舍；经多次重复检疫、淘汰，以最大限度地减少种鸡群中的带菌鸡。孵化场是许多经卵传递疫病的重要传播场所。种鸡场更新用的种蛋，必须来自检疫为阴性的种鸡群。对种鸡场的孵化出雏，可专设阴性健康鸡群孵化室，并与商品鸡的孵化出雏严格分开。每批种蛋孵化后，对其设备及用具进行冲刷、消毒。对初生雏鸡可定期分批采集粪便标本，检查有无沙门氏菌。

市场检疫　兽医卫检人员对上市的鸡需进行严格的检查，如发现病鸡，要立即进行隔离治疗，不能上市销售或随便屠宰。各商品鸡场，要建立防疫制度，定期检测鸡群健康状况，从而掌握本场的防疫效果。

发生传染病时的紧急措施　养鸡场或农户的鸡群中，若同时或连续几天发生同样的鸡病，就应该怀疑发生了传染病。首先应将病鸡隔离，并请兽医迅速诊治，如确诊为传染病时，应立即采取以下措施，以期迅速扑灭和控制疫情。

报告疫情　传染病发生后，应向有关业务部门详细报告疫情，同时通知邻近的养鸡场和养鸡户，以防鸡群感染。

隔离治疗　把病鸡从鸡群中隔离开来，单独进行治疗，以便尽量减少损失。隔离的措施要严格，要有专人饲养，使用专用的饲料和工具。

进行紧急预防注射　对于健康鸡群，针对不同的传染病采取有效措施，以提高健康鸡群的抗病能力。当确诊为鸡新城疫、鸡痘等烈性传染病时，如为流行初期，应立即对未发病鸡进行疫苗接种，往往可在短期内使流行逐渐停止。但已经感染正在潜伏期的病鸡，接种疫苗后，反而可能加速发病死亡。所以到了流行中期，已经感染而貌似健康鸡的为数很多，此时接种疫苗，往往收效不大。当确诊为禽霍乱等细菌性传染病时，在流行初期除可用菌苗进行紧急接种外，还可用磺胺类药物或抗生素进行防治。

封锁　目的在于防止传染病向安全地区传播。在封锁期间，防止雏鸡、种鸡的调入和调出。场内病鸡已全部痊愈或全部处理完毕，鸡舍、场地和用具严格消毒，经过两周后再无新病例出现，然后再作 1 次严格大消毒，始可解除封锁。

妥善处理病死鸡　死鸡粪便和垫草等，应运往指定地点集中烧毁或深埋。所有病重的鸡要坚决淘汰，如果可以利用，必须在兽医部门监督下加工处理。鸡毛、血水、废弃的内脏要集中深埋，肉尸要高温处理。

特别提示

鸡病防治应以预防为主。在加强饲养管理、搞好鸡舍卫生的同时，要求定期做好免疫接种和检疫工作；在发生传染病时，应及时报告疫情，并进行隔离治疗，病死的鸡只一定要审慎处理。

60 药物防治鸡病有哪些程序？

药物预防疾病是对细菌性病而言的，要根据鸡群在不同时期容易发生某种细菌性或寄生虫病来进行，也就是在这些疾病可能发生之前，选用有效药物混于饲料中或饮水内，让鸡服用。

笼养鸡群的用药程序 第1周龄内于饲料中加入0.03%～0.05%的痢特灵；第2周加入0.1%的土霉素或者金霉素；第3周内饲料加入0.02%的磺胺(SMD∶DVD＝5∶1；SMD是磺胺-5-中氧嘧啶，DVD为敌菌净)；鸡搬迁后3～5天内在饲料加入0.1%土霉素或痢特灵或其他对产蛋没有影响的药物。

地面平养的用药程序 第1周内加入饲料中2万～3万的金霉素，第2周加入3万～5万的痢特灵，第3周加入2万的磺胺药(选毒性小、效价高的)；第4周在料中拌入0.003%(100千克料3～3.3克)氯苯胍，连续3～4周；10周龄和18周龄分别用左咪唑或抗蠕敏按每千克体重50毫克1次口服驱虫，粪便作发酵灭虫处理。

特别提示

本书的药物预防程序仅供参考，各鸡场和专业户要根据具体情况和发病特点灵活运用。必须指出，进行药物预防时要注意药物的敏感性、适应性与毒性，要做到用药方法正确，剂量准确，切不可粗心大意。

61 各国对抗菌药物的停药期有哪些规定?

使用抗菌药物预防畜禽疾病，除上述抗药性(耐药菌株)外，还有药物残留问题。这些抗菌素在体内被吸收，并不同程度地残留于肉、蛋产品中，同样对人类健康和疾病防治产生不利影响，为防药物在产品中残留，各国均规定其停药期(见表8-1)。

表 8-1　日本对抗菌素使用与停药期的规定

鸡类型	使用期规定	药物类	停药期
育成期	从 10 周龄起不准添加抗菌药物	抗菌素类	7 天
肉仔鸡	屠宰前 7 天，停止添加抗菌药物，土霉素、金霉素在 4 周龄后至屠宰前 7 天不准添加入饲料中	合成抗菌剂类 抗球虫剂类 磺胺类药 抗氧化抗霉菌剂类	28 天 7 天 5 ~ 10 天 0 天

人、畜共用的抗菌药，如注射用卡那霉素、泰乐菌素等在宰前 14 天禁用，产蛋期也禁用(产蛋前 10 天停药)。产蛋期间，除必要的治疗外，严禁在料中添加抗生素，治疗也要用专供畜禽使用的抗菌药物。

美国规定肉用仔鸡上市前各种抗球虫药的停药时间为：①克球粉，不需休药期，可一直使用到肉鸡上市；②尼卡马嗪必须在上市前 4 天停药；③氯苯胍、呋喃唑酮必须在上市前 5 天停药；④磺胺喹沙啉须在上市前 10 天停药(在停药期间可改用其他药物)。

特别提示

抗菌素在体内被吸收，并不同程度地残留于肉、蛋产品中，会对人类健康和疾病防治产生不利影响，各国对抗菌药的停药期有不同的规定，饲养户应加以注意。

62　药物使用有哪些规则和要求?

对症用药　病原体有病毒类、细菌类、原虫及寄生虫类，除病毒类外都可使用药物治疗，发生疫情应及时确诊，对症用药，严禁乱用药。

购买真药　药物应从畜牧有关部门购买，严禁购买那些未经许可而生产的伪劣药品；绝对不得使用超过有效期的药品。否则不但不能控制鸡病，反而延误治病时机而造成损失。

合理用药 药物作用有协同与颉颃两种，有协同作用的药物联合使用，既能降低使用剂量，又可提高防治效果和减少抗药性的形成；有颉颃作用的药物要错开一定期间使用。用药要注意配伍禁忌范围和遵守停药期规定，通常应在兽医师指导下使用。

同时，药物治疗一定要达到用药浓度(一般预防量为治疗量的一半)和疗程期(通常一个疗程期为 3 ~ 5 天)。按比例计算和称重药量要准确。这样才能抑杀病原体；若量大了则易发生中毒，用量小既不能达到治疗效果，反而使病菌产生抗药性，对今后防治工作极为不利。

治疗慢性鸡病要较长时间用药，最好按一定疗程期交替使用抗菌药，或选用协同作用的药合用；用药时若效果不好应更换其他有效药物，以便尽早控制病情发展。

节约用药 用药要与经济效益结合考虑，根据疗效高、副作用小、安全、价廉、来源可靠等原则选用需要的药物；不能滥用抗生素，因为它不能治疗一切疾病，否则有害无益。因此，病性不明确不要乱用抗菌素；其他药物可治好的药不用抗菌素；能用一种抗生素治好病的，不要同时用各种抗菌素，尤其不得滥用广谱抗菌素。

用药注意事项

①用药期间应密切注意禽群的状态，看疗效怎样，有无不良反应或中毒迹象，发现异常情况或意外事故要及时报告，请有关技术部门及时处理，以减轻和避免损失。

②给鸡注射药液时，每只都应按规定剂量，动作要仔细敏捷，不能把药液注射到腹腔或刺伤内部脏器，造成事故性损失。

③饮水和拌料要求浓度一致，药量少时拌料要进行预扩散(先拌匀 5 千克料，再扩拌到全部)。否则易造成用药不匀而中毒，或少数鸡吃不到药而无效；不溶解的药不能在饮水中投药，否则沉

淀既无治疗作用，最后又因浓度大而中毒；饮水用药也与疫苗饮水一样，要在用药前停水2~4小时。

出口肉鸡的用药规定

①在肉鸡整个饲养期内，禁用克球粉、磺胺嘧啶、万能利胆素、球虫净(尼卡巴嗪)、磺胺喹林、前列斯汀、螺旋霉素、灭霍灵、氨丙林。

②在肉鸡送宰前30日内，禁用磺胺二甲氧嘧啶、复方敌菌净、磺胺二甲基嘧啶、复方新诺明。

③肉鸡送宰前14天，禁用卡那霉素、氨霉素、链霉素、新霉素、庆大霉素。

④肉鸡送宰前7~14天内，允许使用强力霉素、土霉素、四环素、红霉素、痢特灵、金霉素、乐肽菌素、快育灵、百病消、氟胍酸、禽菌灵。

⑤防治肉鸡球虫病，允许使用球痢灵、氯苯胍、盐霉素、球杀死。

⑥禁用任何人工激素。

特别提示

有效的药物只是预防鸡病的一个条件，它必须通过禽体的内因才能发挥作用。因而在用药的同时，更应精心管理，保持舍内环境干燥、卫生，温、湿度适宜，空气新鲜，阳光充足；喂营养全面、丰富的配合料，逐渐增强鸡体抗病力，只有这样才能有助于发挥药物的治疗效能。

63 如何为肉鸡免疫接种？(视频19)

免疫接种方法 不同的疫苗、菌苗，对接种方法有不同的要求，常用的接种方法有滴鼻或点眼、饮水、气雾、刺种肌肉或皮下注射等。

滴鼻或点眼　通过呼吸道黏膜或眼结膜使疫苗进入鸡体内。适用于鸡新城疫Ⅱ系、Ⅲ系苗，传染性支气管炎及传染性喉气管炎弱毒型苗等。用时先把冻干苗用灭菌生理盐水或冷开水稀释，摇匀后向每只鸡鼻孔内或眼眶内滴入2滴。

饮水　适应于大型集约化养鸡场。将疫苗混于饮水中，使鸡在2小时内饮完。新城疫Ⅳ系苗、法氏囊炎弱毒菌、禽脑脊髓炎弱毒苗、“传支”弱毒苗（H_{120}、H_{52}）等采取饮水免疫的效果都较好。水量一般按4日龄至2周龄雏鸡每只10毫升，2～4周龄每只15毫升，5～8周龄每只20毫升，16周龄以上每只用40毫升。鸡在饮疫苗水前先停饮水2～4小时。稀释疫苗要用冷开水，不用生理盐水或消毒水，加用0.2%脱脂奶粉效果更好。为保证所有的鸡都喝到足够的疫苗水，所用的疫苗剂量要加倍。

气雾　将鸡置于密闭的室内，用专门的气雾器将稀释过的疫苗喷成极细的小滴，弥漫在空气中，使鸡吸入肺部深处及气囊。此法适用于高效价鸡新城疫Ⅰ系、Ⅱ系等疫苗，省工省苗。喷雾时要注意雾粒的大小，不可过大或过小，稀释时要用蒸馏水作稀释液，喷雾后应使鸡群在鸡舍内停留20～30分钟，然后打开门窗。

刺种　适用于鸡痘弱毒苗的接种。按规定剂量稀释后用专用刺种针蘸取疫苗，刺种在鸡的翅膀内侧无血管处的皮下，每只鸡刺1～2下。在接种疫苗后1周左右，可见刺种处皮肤上产生绿豆大小的小疮，以后逐渐干燥结痂而脱落。如果刺种部位不发生反应，须重新刺种疫苗。

皮下注射　适用于马立克氏疫苗等。疫苗用专用稀释液稀释后，在雏鸡颈背部皮下注射接种。每只雏鸡注射0.2毫升。

肌肉注射　适用于新城疫Ⅰ系、Ⅳ系、禽霍乱等活苗或死苗。按不同鸡龄的不同注射量要求进行注射。

疫苗、菌苗的保存和使用

疫苗保存　保存和运输时要防止疫苗菌苗变质、破损、接近高温和受日光暴晒等。若疫苗的保管、贮藏、运输不当，不用冷藏瓶提取疫苗，疫苗存放过久超过有效期，冰箱冷藏条件差而使活毒死亡等都影响疫苗效价，降低免疫效果。

弱毒菌苗和各种灭活苗要求在2～8℃的冷暗干燥处保存，具体方法应按厂方说明书进行。冻干苗要放在0℃以下，不可反复融冻。使用疫苗、菌苗之前，应先检查有效日期和包装是否完整；充分摇动后，再按瓶签说明的用量、用法和注意事项等使用。开瓶后必须当天用完，隔日不能使用。已经吸入针筒的疫苗、菌苗，不能再送回瓶内，用过的针头须经消毒后才能再用。

疫苗接种时的注意事项

①疫(菌)苗的接种，从稀释液到接种方法与剂量等都应严格按各种疫(菌)苗的具体要求或说明书的规定进行。

②无论采取哪种接种方法，疫苗要现配现用，稀释时绝对不能用热水还能晒到阳光，稀释的疫苗应放在阴凉处，必须在2小时内尽快用完。

③接种疫苗时，鸡群必须健康才能有良好的免疫效果；环境恶劣、疾病、营养缺乏等均影响免疫效果。

④接种苗的时间，要注意母源抗体和其他病毒感染时对疫苗接种的干扰和抗体产生的抑制。

⑤接种疫苗时应树立无菌观念，对接种用具事先按规定消毒，遵守无菌操作要求，接种后所用容器、用具必须进行消毒，以防传染给其他禽群。

⑥在接种禽霍乱活菌苗的前后各5天，停止使用抗菌素和磺胺类药物；而接种病毒性疫苗时，在前2天和后3天禁用抗菌物质，以防免疫接种应激引起其他病菌感染。各类疫(菌)苗的接种，还应投给1倍量的多种维生素，以保持鸡体有强健的体质。

⑦由于同群的鸡体内抗体水平不一致，体况千差万别，故同一疫苗接种后的应答反应和产生的免疫力也不一致，故单靠接种疫苗来扑灭传染病是困难的，所谓“一针安天下”是根本不可能的。必须配合综合性防疫措施（营养、管理、环境卫生、隔离、消毒、捕杀等）才能可靠地达到预期效果。

免疫程序 科学合理的免疫程序应该据鸡场具体情况来拟订，除充分考虑鸡体的状况能否产生坚强免疫力外，还应结合养鸡场的规模、饲养方式、生产特点、综合防疫水平、疫苗种类以及当地各种疫病流行情况等通盘考虑。

接种疫苗后的鉴测

免疫反应 弱毒疫苗、菌苗接种之后，由于病毒、病菌在鸡体内繁殖，鸡短期内表现轻微的精神、食欲不振和产蛋减少等，属于正常现象。反应的轻重与弱毒苗的种类、接种量及鸡的体质等因素有关。一般禽霍乱弱毒菌苗接种后反应较大，往往有个别鸡死亡；新城疫Ⅰ系苗用于产蛋鸡时，对产蛋量有一定影响。其他的免疫接种一般无明显反应。正常的预防性免疫接种，疫苗的用量只要达到规定的标准，即能收到预期的免疫效果，有的疫苗不可随意加大用量，以免引起不良反应。

免疫监测 在免疫接种疫苗后，还应进行免疫监测，以确定免疫效果。如在刺种鸡痘疫苗后1周左右，可见刺种部位的皮肤上出现小疱，证明有效；若在刺种部位不见反应，则必须重新刺种疫苗。在接种新城疫苗后的7～15天，采集部分鸡的血液，分离血清，作血球凝集抑制试验（HI），以测定抗体效价，并且在免疫后的不同时期抽样监测。当抗体效价显著下降时，决定是否需要再次进行全群免疫接种。尤其是集约化饲养的大型养鸡场，必须进行定期的免疫监测，分析抗体消长的规律及影响因素，确保安全生产。

特别提示

科学合理的免疫程序应该据鸡场具体情况来拟订，除充分考虑鸡体的状况能否产生坚强免疫力外，还应结合养鸡场的规模、饲养方式、生产特点、综合防疫水平、疫苗种类以及当地各种疫病流行情况等通盘考虑。

64 肉鸡用药存在哪些误区？

滥用抗菌素

雏鸡的饮水中过早添加青霉素或庆大霉素　健康雏鸡出壳时体内是无菌的，出壳12小时内在肠道中可组成正常菌群的微生态体系，并建立黏膜屏障，使雏鸡具备了一定的抗病能力。如过早地服用抗菌素，不仅影响黏膜生态屏障的建立，还会使即将建立的正常菌群体系发生紊乱和遭受破坏。此时雏鸡因缺乏抵抗力，易过早地发生白痢、大肠杆菌病等。这也是不少鸡场雏鸡多病的原因之一。当然，对不健康种鸡的后代，还是有必要及时服药的。

疫苗接种的同时不使用抗菌素　接种马立克氏疫苗时用青霉素滴口，接种新城疫、法氏囊、传染性支气管炎等病毒疫苗时，口服青霉素或庆大霉素或四环素类抗菌素。这些做法都是不恰当的，因病毒无独立的生存能力，专营细胞内寄生，抗菌素不能直接作用于病毒，对病毒无作用。在病毒作为抗原物质使用时，抗菌素却能破坏或改变病毒的抗原结构，不能发生免疫应答而失效。按作者试验，检测新城疫免疫鸡的HI抗体，免疫接种时使用抗菌素的比不用抗菌素的抗体降低了3~5个滴度。

注意克服使用抗菌素的“三宁”现象　所谓“三宁”，是指剂量宁大勿小、时间宁长勿短、种类宁多勿少。不少鸡场上述3种现象都存在，或只有其中的1~2种。有一个典型的例子：某肉鸡场为了预防常见疾病，1～25 日龄不间断地使用泰农、氯霉素、恩诺沙星、环丙沙星等加在饲料或饮水中，还在饲料中长期添加抗球虫药，结果事与愿违，前后发生多种疾病，致使最终成活率低于80%，8 周龄上市平均体重1.7 千克每羽，料肉比2.7∶1，用药成本高达1.05 元。

用药不当的原因和危害：

①药物刺激机体，造成组织细胞的损伤，产生毒性反应，甚至死亡。作者曾见肉鸡长期服用四环素后，引起肝变性坏死或形成脂肪肝；肾肿胀、出血、尿酸盐沉积；肠道出血和发炎。也曾见链霉素大剂量注射后，引起呼吸困难、窒息死亡。

②对细菌等病原体大剂量长期使用抗菌素可产生耐药性。这是一种生物界普遍存在的对超强刺激的麻痹现象或称不应答反应。耐药性菌株的形成，势必会缩小抗菌药物的抗菌谱及临床适应症，同时带来二重感染的后果。有的鸡场认为现在的鸡病愈来愈难治疗，“三宁”是重要原因之一。

③引发骨质疏松症。由于过量地服用抗菌素，使其与鸡体内的钙离子结合，排出体外，造成缺钙，致使鸡出现运动困难、偏瘫、截瘫或畸形。

④长期大量使用抗菌素，使药物在鸡体内滞留和蓄积，导致鸡肉产品中的残留药物量增高，影响外贸出口的信誉及消费者的健康。

雏鸡、产蛋鸡长期使用氯霉素　雏鸡肝内的酶系统不健全，葡萄糖醛酸结合氯霉素的能力差，影响氯霉素在肝脏中的解毒，集中在血液内的氯霉素又不能从肾脏中及时排出，容易发生中毒死亡。产蛋鸡的卵细胞受到氯霉素的伤害，影响产蛋。因此这两个阶段的鸡不宜长期使用氯霉素。

青霉素与其他有配伍禁忌的抗生素混用　与青霉素有配伍禁忌的抗生素有四环素、氯霉素、卡那霉素、先锋霉素、万古霉素和氨苄青霉素。上述药物如与青霉素并用，将产生颉颃作用而失效，达不到治疗目的，反而浪费了药物。

其他药物的滥用

磺胺类药物与维生素B族的合用　维生素B族含有对氨基苯甲酸，能对抗磺胺类，使其失效；由于它们的pH值不同，磺胺7~10，维生素B族6，合用后磺胺又对抗维生素B族而被破坏。

复合维生素与碳酸氢钠合用　碳酸氢钠为碱性药物，而复合维生素是酸性的，两者合用，导致复合维生素的破坏。

维生素过量使用　维生素为生长因子，少量使用，就能发挥促生长的作用；全价饲料是能满足鸡对维生素的需要的，只有在疾病、投药、饲料营养不全等情况下，才需作适量的补充，但不能随便补充，应该视维生素缺乏症的特征，对症下药，缺什么补什么。因此维生素不能与“保健品”、“补药”画等号。

特别提示

在养鸡生产中，合理用药是十分重要的一环。因此在生产过程中，既要注意药物价廉，更要注重药物的适用性、质量(含不使用伪劣产品)及其正确的使用方法。

65 哪些消毒药用法是不科学的?

在使用消毒药前鸡舍不够洁净　常见舍内的地面、墙壁、舍顶以及各种设备等，由于清扫、洗刷不彻底，其表面仍存在有机物(粪便、羽毛、残余饲料、泥垢或尘土等)。有机物会造成消毒力的降低。一是有机物可形成一种保护细胞的护罩，使消毒药不能接触菌体细胞壁；二是有机物或其某些成分可与许多消毒药(剂)结合，使它不能与微生物发生作用，严重地降低消毒药(剂)的功能。只有清洗(有时就铲刮)彻底才能消除舍内大部分病原微生物。研究资料证明，可消除1/2以上。

长期使用某种消毒药 在鸡场和鸡舍门口的消毒池和舍内带鸡消毒，长期使用一种消毒药，病原微生物难免对其产生耐药性，从而影响消毒效果。资料表明，带鸡喷雾消毒(过氧乙酸、次氯酸钠、百毒杀、抗毒威等)在使用2~3周后要有计划地更换。投放消毒池的药，正规鸡场一般是每季更换一种。

错误选用消毒药

①某场在育雏室里，用0.2%氢氧化钠带鸡消毒后，大量雏鸡发生咳嗽、呼吸异常、精神不振、食欲减退等症状。氢氧化钠溶液对雏鸡的刺激性大，不能用于带鸡消毒；为了不影响雏鸡健康，育雏室宜用中性药。

②老鸡淘汰完后的舍内，最后一道消毒不能用地面洒石灰乳的办法来取代福尔马林溶液熏蒸。因石灰乳消毒作用不强(对芽孢无效)，同时只能用于局部区域(墙壁、地面等)；而福尔马林熏蒸可杀灭所有细菌(对芽孢也敏感)，同时其产生的气体使舍内各个角落都能消毒。

消毒药剂量过大

①老鸡淘汰完的鸡舍用≥4%的氢氧化钠溶液消毒地面，易损坏自来水管线、喂料设备、屋顶人字形铁架等。按规定，鸡舍的氢氧化钠消毒浓度应为2%~3%，浓度高的溶液对铁铝制品、漆面等有腐蚀。

②饮水消毒的漂白粉加得过多，如某场提出夏季自来水的加氯量(有效氯)8~10毫克/升，每次测定其水样，余氯量均在6毫克/升以上，个别的甚至超过10毫克/升。按规定，鸡场余氯量应控制在3毫克/升，不能超过5毫克/升。漂白粉添加过多，不但大大增加了投氯成本，而且有可能使鸡群发生氯中毒，山东某鸡场就发生过产蛋率严重下降的事故。

福尔马林熏蒸消毒未按操作规程配制

①福尔马林与高锰酸钾药量之比不按2∶1称量，而是其中某一药物或多或少。不按比例，既浪费了药物，又降低了消毒效果。

②空舍熏蒸后不到12小时雏鸡进舍，导致发生呼吸道病。因舍内甲醛气体未挥发完，对雏鸡呼吸道等黏膜有刺激，因此按规定熏蒸48小时后才进舍。

消毒药液存放或作用时间过久

①石灰乳不是现用现配，而是当日配好后隔1~2日仍使用，因从空气中吸收二氧化碳变成碳酸钙而失效。

②鸡场和鸡舍门口的消毒池，不及时更换消毒药液。消毒池中的消毒药液使用一段时间后，经过日晒、雨淋和人、车践踏，药液效价已大大降低。

特别提示

在使用消毒药前应彻底清扫、洗刷鸡舍，某种消毒药在使用2~3周后要有计划更换，消毒药剂量过大或错用都会造成巨大的经济损失。

参考文献

刁有祥，杨金明．肉鸡饲养手册．北京：中国农业大学出版社，2007
臧素敏．养鸡与鸡病防治．北京：中国农业大学出版社，2006
秦长川肉鸡饲养技术指南．北京：中国农业大学出版社，2006
张长兴，陈明勇．肉鸡快速饲养与疾病防治．北京：中国农业出版社，2004
谷子林，李树友．肉鸡高效饲养技术．河北：河北科学技术出版社，2004
刘治西．现代化鸡场肉鸡疾病的防控技术措施[J]．北方牧业，2007
周少华．WTO与中国肉鸡业(下)[J]．世界农业，2001，(4)
刘学恩．养肉鸡如何规避市场风险[J]．家禽科学，2007，(8)
王家星，殷惠成，李彬生．肉鸡业的困惑及其出路[J]．农场经济管理，1997，(2)
幸奠权．集约化养鸡场的卫生防疫措施[J]．新农村，2005，(6)
楚有名．大型养鸡场的卫生防疫[J]．中国兽医杂志，1989，(11)
郭文杰，许渐进．养鸡场的管理方式探讨[J]．中国家禽，1993，(3)
王俊平，刘江．鸡场免疫误区[J]．农村养殖技术，2007，(3)
孙岩，刘中华．脂肪营养及在饲料中的应用[J]．饲料工业，2005，(14)
规模养鸡技术之一：规模养鸡场的建设与管理[J]．农民科技培训，2005，(7)
梁琛，张建海．提高养鸡生产经济效益的技术措施[J]．家禽科学，2005，(9)
秦佳．要重视鸡的营养需要和饲料配方的研究[J]．饲料研究，1985，(5)
黄木．提高鸡孵化率的方法[J]．河南畜牧兽医，2004，(2)

杨成科．鸡孵化过程管理的关键[J]．河南畜牧兽医，2005，(6)
范佳英．种蛋孵化应注意的几个问题[J]．农家参谋，2004，(1)
郑延平．孵化前怎样保存种蛋[J]．农业知识，2003，(1)
晏和平．翻蛋频率对肉种鸡蛋孵化率的影响[J]．四川畜牧兽医，2004，(2)
侯治平．科学育雏提高成活[J]．内江科技，2000，(6)
童俊青．饲养雏鸡关键技术[J]．攀枝花科技与信息，2007，(1)
曹永良．肉鸡饲养管理的几点注意事项[J]．农村养殖技术，2005，(3)
孙永泰．肉鸡饲养有技巧[J]．当代畜禽养殖业，2005，(3)
肉鸡饲养技术[J]．饲料博览，2003，(5)
赵志国．如何改进肉鸡饲养管理[J]．中国牧业通讯，2007，(4)
刘同楼．怎样做好肉鸡饲养记录[J]．中国禽业导刊，1997，(1)